全国100所高职高专院校旅游类专业系列教材
高职高专院校旅游类专业系列教材
（餐饮管理与服务专业）

宴会设计

Yanhui Sheji

主　编　刘根华　谭春霞

重庆大学出版社

内容提要

本书是全国100所高职高专院校旅游类专业系列教材之一。本书以宴会设计的要求和方法为主要内容，坚持理论、方法和案例相结合，而且每章末尾都引入了一些小知识链接，便于学习者了解与之相关的知识点。本书共包括宴会概述、宴会管理、宴会台面设计、宴会菜肴设计、宴会服务设计、宴会环境设计、宴会宣传设计、主题宴会设计共8章内容，最后还附有5个附录，其内容具有新颖性、科学性、指导性和实用性的特点。

本书不仅可以作为高等职业院校旅游类专业学生的教材和教师的参考用书，而且也是旅游从业人员在实际工作中的一本很好的参考书，还可以作为相关学科研究人员的资料用书。

图书在版编目(CIP)数据

宴会设计/刘根华，谭春霞主编.—重庆：重庆大学出版社，2009.9(2020.8重印)
(全国100所高职高专院校旅游类专业系列教材)
ISBN 978-7-5624-5076-4

Ⅰ.宴… Ⅱ.①刘…②谭… Ⅲ.宴会—设计—高等学校：技术学校—教材 Ⅳ.TS972.32

中国版本图书馆CIP数据核字(2009)第147001号

宴会设计
主编 刘根华 谭春霞
责任编辑：贾 曼 邬小梅 版式设计：贾 曼
责任校对：文 鹏 责任印制：张 策
*
重庆大学出版社出版发行
出版人：饶帮华
社址：重庆市沙坪坝区大学城西路21号
邮编：401331
电话：(023) 88617190 88617185(中小学)
传真：(023) 88617186 88617166
网址：http://www.cqup.com.cn
邮箱：fxk@cqup.com.cn (营销中心)
全国新华书店经销
POD：重庆新生代彩印技术有限公司
*
开本：720mm×960mm 1/16 印张：12.5 字数：225千
2009年9月第1版 2020年8月第7次印刷
ISBN 978-7-5624-5076-4 定价：34.00元

编委会

总 序

21世纪是中国成为旅游强国的世纪。根据世界旅游组织的预测,2020年中国将成为世界第一大旅游目的地国家,并成为世界第四大旅游客源国。在我国旅游业迅速发展中,需要大量优秀的专业人才。高职高专教育作为中国旅游教育的重要组成部分,肩负着为中国旅游业培养大量的一线旅游专业人才的重任。

教材建设是旅游人才教育的基础。随着我国旅游教育层次与结构的完整与多元,旅游高职高专教育对旅游专业人才的培养目标更为明确。旅游高职高专人才培养需要一套根据高职高专教育特点、符合高职高专教育要求和人才培养目标,既有理论广度和深度,又能提升学生实践应用能力,满足一线旅游专业人才培养需要的专业教材。

目前,我国旅游高职高专教材建设已有一定的规模和基础。在各级行政管理部门、学校和出版社的共同努力下,已出版了一大批旅游高职高专教材。但从整体性看,已有的多数系列教材有以下两个方面的缺陷:一是系列教材虽多,但各系列教材的课程覆盖面小,使用学校范围不大,各院校使用教材分散,常出现一个专业使用多个版本的系列教材而不利于专业教学的一体化和系统化;二是不能适应目前多种教学体制和授课方式的需要,在不同课时要求和多媒体教学、案例教学、实操讲解等多种教学方式中显得无能为力。

在研究和分析目前众多旅游高职高专系列教材优缺点的基础上,我们组织编写了100多所旅游高职高专院校参与的、能覆盖旅游高职高专教育4个专业的、由60多本专业教材组成的"全国100所高职高专院校旅游类专业规划教材"。为了解决多数系列教材存在的上述两个缺陷,本系列教材采取:

1. 组织了百所旅游高职高专院校有教学经验的教师参与本系列教材的编写工作，并以目前我国高职高专教育中设置的酒店管理、旅游管理、景区开发与管理、餐饮管理与服务4个专业为教材适用专业，编写出版针对4个专业的4个系列共60多本书的系列教材，以保证本系列教材课程的覆盖面和学校的使用面。

2. 在教材编写内容上，根据高等职业教育的培养目标和教育部对高职高专课程的基本要求和教学大纲，结合目前高职高专学生的知识层次，准确定位和把握教材的内容体系。在理论知识的处理上，以理论精当、够用为度，兼顾学科知识的完整性和科学性；在实践内容的把握上，重视方法应用、技能应用和实际操作，以案例阐述新知识，以思考、讨论、实训和案例分析培养学生的思考能力、应用能力和操作能力。

3. 在教材编写体例上，增设学习目标、知识目标、能力目标和教学实践、章节自测、相关知识、资料链接、教学资源包（包括教案、教学PPT课件、案例选读、图片欣赏、考试样题及参考答案）等相关内容，以满足各种教学方式和不同课时的需要。

4. 在4个专业系列教材内容的安排上，强调和重视各专业系列教材之间，课堂教学和实训指导之间的相关性、独立性、衔接性与系统性，处理好课程与课程之间、专业与专业之间的相互关系，避免内容的断缺和不必要的重复。

作为目前全国唯一的一套能涵盖旅游高职高专4个专业、100所旅游高职高专院校参与、60多本专业教材组成的大型系列教材，我们邀请了国内旅游教育界知名学者和企业界有影响的企业家作为本系列教材的顾问和指导，同时我们也邀请了多位在旅游高职高专教育一线从事教学工作的、现任教育部高职高专旅游管理类和餐饮管理与服务类教学指导委员会委员参与本系列教材的编写工作，以确保系列教材的知识性、应用性和权威性。

本系列教材的第一批教材即将出版面市，我们想通过此套教材的编写与出版，为我国旅游高职高专教育的教材建设探索一个“既见树木，又见森林”的教材编写和出版模式，并力图使其成为一个优化配套的、被广泛应用的、具有专业针对性和学科应用性的高职高专旅游教育的教材体系。

教育部高职高专旅游管理类教学指导委员会主任委员

华侨大学旅游学院院长、博士生导师

郑向敏　博士、教授

2013年2月

前 言

随着国民经济高速发展，人民收入不断增加，餐饮业发展的速度也随之突飞猛进，有人称“餐饮是百业之王”。据国家统计局公布，2008 年我国（以下数据均不含港澳台地区）餐饮市场运行基本平稳，餐饮业继续成长壮大，连续 18 年保持两位数的高速增长。全年餐饮业零售额达到 15 404 亿元，同比增长 24.7%，比上年增幅高出 5.3 个百分点，比社会消费品零售额增幅高 3.1 个百分点，占社会消费品零售总额的 14.2%，人均消费 1 158.5 元，餐饮消费拉动社会消费品零售总额增长 3.4 个百分点，对社会消费品零售总额的增长贡献率为 15.8%，继续成为拉动经济增长的重要力量。微缩到浙江省餐饮业市场来看也是如此，“十五”期间，全省实现消费品零售总额 18 203.84 亿元，比“九五”期间增长 88.83%。实现餐饮业零售额 2 003.42 亿元，比“九五”期间增长 171.33%，增幅高于消费品零售总额近 1 倍。这充分说明浙江省“十五”期间餐饮业是发展最快的行业之一。无论是沿海地区，还是中西部地区，餐饮业都是成长性巨大的朝阳产业，2009 上半年的形势就可证明。2009 上半年全国住宿和餐饮业零售额达到了 8 514 亿元，受金融危机影响下同比增长仍保持 18.1% 的势头。

中国自古有“民以食为天”“食以礼为先”“礼以宴为尊”“宴以乐为变”的说法，发展到现在，宴会已成为人与人之间交往活动必不可少的形式，或为公、或为私、或为情、或为事，都需礼尚往来，宴请为快。但随着人们生活水平的不断提高，中西方交流日益频繁，对餐饮管理的要求也越来越高，对宴会设计需求呈个性化趋势，这就要求餐饮管理细节要不断深化，不断引入新理念、新思想，不断进行创新研究。鉴于此，我们编写了这本《宴会设计》教材，为餐饮宏业添砖加瓦。本教材有以下三个特点。

1. 实用性。本教材理论的探讨仅占少量篇幅，大量篇幅介绍各种类型的宴会设计方案和操作技能，剖析了常见类型宴会的特点，运用详细的实例介绍了各类宴会的设计要求和方法，为餐饮工作者和学生提供了一本实用的工具书。编写本书的人员都是一线教师，其教学思路和方法，对于酒店和餐饮管理专业师生来说非常实用。

2. 知识性。这本书介绍的专业知识比其他的相关书籍更有特色。一是每章节中都引入了一些小知识链接和资料链接，便于学习者了解与之相关的知识点。二是本书贯穿介绍了我国各民族与世界各国人民的饮食、民风民俗等内容。

3. 前沿性。前沿性是设计类书籍必要的特点，在编写过程中引用了许多老一辈餐饮工作者的观点，参考了已有的操作程序，同时融入了实践中总结出的新问题、新经验、新方法，如主题宴会设计作为专章介绍。

本书的编写工作由担任这门课教学的一线教师参与，浙江金华技师学院陈蕾编写第 1 章、第 2 章，王栋编写第 5 章；金华职业技术学院旅游与酒店管理学院谭春霞编写第 3 章；青岛酒店职业技术学院王东编写第 4 章、第 6 章、第 7 章；金华职业技术学院旅游与酒店管理学院刘根华编写第 3 章中的第 4 节和第 8 章及附录。全书由刘根华统稿，由汪京强担任主审。

华侨大学旅游学院的郑向敏教授、汪京强副教授，浙江教育学院张跃西教授等专家对本书的编写和出版给予了很大支持和帮助，在此我们表示由衷的感谢。我们对在编写过程中参考过其著作的作者，深表谢意，没有他们的研究成果和资料，本教材难以顺利完成。因编写水平有限，疏漏之处在所难免，对于本书中的缺点和错误，恳请各位批评指正，我们立当虚心接受并改正。

刘根华

2009 年 8 月

目录 CONTENTS

第 1 章　宴会概述 ………………………………… 1

1.1　宴会概述 ………………………………… 2

1.2　宴会的类型及其各类常见宴会的特点 ……… 5

1.3　宴会设计 ………………………………… 14

1.4　现代宴会的改革和发展趋势 ………………… 21

第 2 章　宴会管理 ………………………………… 27

2.1　宴会业务部门的组织机构设置 ……………… 28

2.2　宴会预订 ………………………………… 32

2.3　宴会策划 ………………………………… 37

第 3 章　宴会台面设计 …………………………… 41

3.1　宴会台面的种类和设计要求 ………………… 42

3.2　宴会花台设计 …………………………… 46

3.3　宴会台形设计 …………………………… 49

3.4　宴会摆台设计实例分析 …………………… 56

第 4 章　宴会菜肴设计 …………………………… 61

4.1　宴会菜肴的特点和要求 …………………… 62

4.2　宴会菜肴的设计 ………………………… 69

第 5 章　宴会服务设计 …………………………… 78

5.1　中餐宴会服务的程序设计及要求 …………… 79

5.2　西餐宴会服务的程序设计及要求 …… 84
5.3　主题宴会服务的活动设计 …… 88
5.4　宴会酒水服务 …… 92

第6章　宴会环境设计 …… 100
6.1　宴会环境氛围要求 …… 101
6.2　宴会声光设计 …… 103
6.3　宴会色彩设计 …… 109
6.4　宴会挂件设计 …… 115

第7章　宴会宣传设计 …… 119
7.1　宴会成本核算 …… 120
7.2　宴会宣传方案设计 …… 130
7.3　宴会促销方案设计 …… 135

第8章　主题宴会设计 …… 146
8.1　主题宴会概述 …… 147
8.2　宴会主题策划 …… 149
8.3　主题宴会设计程序 …… 153

附录1　宴会厅用品配备种类及规格 …… 162
附录2　宴会厅常设的通用符号及含义 …… 172
附录3　中西餐宴会摆台比赛规则与标准 …… 178
附录4　外语水平评分标准 …… 185
附录5　仪容仪表评分标准 …… 186
参考文献 …… 188

第1章 宴会概述

【学习目标】

通过本章学习，要求学生了解宴会的含义及其基本特征，理解宴会设计的内容和要求，掌握宴会的发展趋势。

【知识目标】

了解和熟悉宴会设计的内容和要求，掌握宴会设计的步骤。

【能力目标】

通过系统的理论知识学习，根据宴会设计的内容和操作步骤，能粗略设计一个宴会。

【关键概念】

宴会　特点　基本类型　宴会设计　基本要素　改革　发展趋势

问题导入：

宴会是人与人之间的一种礼仪表现和沟通方式，是人们生活中的美好享受，也是一个国家物质生产发展和精神文明进步的重要标志之一。今天，随着社会的不断发展和进步，宴会已超出单纯的风俗礼仪概念而成为一种新的文化产业现象，对其进行全面系统的研究，不仅具有积极的理论意义，而且对于指导餐饮企业及其他饮食服务机构进行宴会设计与管理亦具有现实的参考价值。

美国奥斯汀酒店经理格兰·格瑞(Glenn Gray)先生认为："承办宴会是我们这类酒店收入的主要来源。在同一时间内为大量客人提供有效服务的能力是一门艺术。如果你能干得很好，你就能为你的产品赢得信誉。现在的行业竞争，尤其是在奥斯汀(Austin)地区这个市场里异常激烈。赢得忠诚的顾客是保持成功的基础。酒店的餐饮赢利主要是由宴会业务驱动的，假如你的酒店没有很成功的宴会业务，那么你就无法在这个行业中继续生存。”

1.1 宴会概述

1.1.1 宴会的概念

宴会是指人们为了某种社交目的，以一定规格的酒菜食品和礼仪来款待客人的聚餐方式。宴会又称宴席、筵宴、酒宴、燕饮、会饮、筵席等，不同的称谓，其含义大体相同，但细分析起来，也有一定的差异。其中最有代表性的是“宴会”和“筵席”这两个不同的概念。

从字义上看，“筵席”最早是古代的一种坐具，“筵”长，“席”短，“筵”粗，“席”细。《周礼·春官·司几筵》贾公彦注疏云：“凡敷席之法，初在地者一重即谓之筵，重在上者则谓之席。”《礼记·乐记》云：“铺筵席、陈尊俎、列笾豆。”开始，筵席只是休息聊天时的坐具，后来人们在这种坐具上设置食物，席地而食。于是，久而久之，筵席便演化成“具有一定规格质量的一整套菜品”的一种特殊形式。

“宴会”从字义上来看，“宴”就是“安”的意思，《说文》曰：“宴，安也。”“宴”的本义是“安逸”“安闲”。引申为宴乐、宴享、宴会，久而久之便演化成了“众人参加的宴饮活动”。

通过上述字义分析，结合“筵席”和“宴会”两个不同概念的使用范围，二者之间有以下区别。

第一，筵席注重内容，宴会注重形式。人们谈到筵席时，便会联想到丰盛的菜点和巧妙的菜品组合艺术。而当人们谈到宴会时，马上想到的便是宏大的场面和繁琐的礼仪等。因此，筵席具体指一套食物，宴会具体指包括筵席在内的专场活动。

第二，筵席含义比较窄，宴会含义比较广。从某种意义上来讲，筵席属于宴会的一个组成部分。一个大型的宴会除了吃的内容之外，往往还有“致祝酒辞”

"歌舞表演""播放音乐""灯光设计""礼仪安排"等诸多内容。作为丰盛菜肴的组合——筵席，仅仅是宴会活动的内容之一。

比较"筵席"和"宴会"的区别，便于帮助我们认识和掌握宴会的基本特征。

1.1.2 宴会的基本特点

1）聚餐式

聚餐式是宴会形式上的一个重要特征。作为宴会，它必须是众人聚食的一种进餐方式。古代皇帝"食前方丈，罗列八珍"。菜肴再丰盛，如果说只供皇上一人享用，也不能称之为宴会。完整意义上的宴会，在形式上，是众人围桌而食，多席同室而设，每桌有主宾、主人、陪客之分，全场又有首席（或称"主席"）、二席、三席……之别。赴宴者或根据尊卑、长幼、地位高低依次入席，或根据事先在请柬上注明的台号、席码对号入座。虽然席位有主次，座次有高低，但是大家都在同一时间、同一地点，品尝同样的菜点，享受同样的服务。更主要的是，大家都是为了一个共同的主题而走到一起，或为了庆贺节日，或为了迎接贵宾，或为了庆贺协议签订。总之，欢聚一堂，聚饮会食，是宴会的一个基本特征。

2）规格化

规格化是宴会内容上的一个重要特征。宴会不同于日常便饭、大众快餐、零餐点菜，后三者不太讲究进餐环境、菜肴组合以及服务档次。宴会在菜肴组合上有着严格的要求，冷碟、热菜、大菜、汤羹、甜品、主食、水果、酒水等，均须按一定的比例和质量要求，合理搭配、分类配合。整桌席面上的菜点，在色泽、味形、质地、形状、营养以及盛装餐具方面，力求丰富多彩，并因人、因事、因宴会档次科学设定。在接待礼仪、服务程序上，各个酒店都有自成一体的、严格的规范要求。同时，根据宴会的等级和主题，对宴会环境进行合理布局，对宴会台面进行巧妙摆设，力图使宴会环境、宴会台面、宴会菜品等与宴会主题相吻合，达到和谐统一，给人以美的享受。

3）社交性

社交性是宴会功能上的一个重要特征。天下没有无缘无故举办的宴会。凡设宴，总有一定的目的，大到政府举办的国宴，小到民间举办的婚宴；远到唐代的烧尾宴，近到一年一度的国庆家宴。其作用，或为了和平与友谊，或为了亲情与友情。总之，人们相聚在一起，品佳肴美味，谈心中之事，疏通关系，增进了解，加深情谊，从而实现社交的目的。这也正是宴会自产生以来几千年长盛不衰，普遍受欢迎的一个重要原因。

4）礼仪性

宴会礼仪是赴宴者之间相互尊重的礼节仪式，也是人们出于交往目的而形成并为大家共同遵守的习俗。纵观宴会发展的历史，无论是高档国宴，还是普通宴席，宴会礼仪的内容都非常广泛，包罗万象，如菜品丰盛、仪典庄重、气氛热烈是对赴宴者的最大尊重。还应对宾主的民族习惯、宗教信仰、嗜好忌讳、入坐席位等安排妥帖、细致入微，这是宴会礼仪的最高境界。我国是文明古国、礼仪之邦，在宴会的礼仪上表现得更是淋漓尽致，繁多、严肃而富有人性化的程式，充分体现出中华民族待客以礼的传统美德。

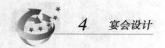

1.1.3 宴会的作用

1）促进交流，繁荣经济

宴会是一种特殊的交际工具。人们在日常交际活动中，除了用电话、书信等常用工具进行交流之外，宴会便是最重要的一种交际工具之一。人们在这种特殊的氛围里，边品尝美味佳肴、香茗美酒，边畅叙友谊、洽谈事务。有时运用其他方式难以解决的问题，通过宴会却可迎刃而解。

宴会是酒店创收的重要来源。宴会是所有进餐方式中人均消费最高的一种。宴会也是餐饮经营项目中利润最高的一项。正是由于以上两种原因，酒店在作好多种经营的同时，重点是抓宴会。在一些酒楼、餐馆，宴会收入往往超过了其他经营项目的总和，占营业收入的90%以上。在一些宾馆、饭店的餐饮部，宴会收入也占了相当大的比例。尤其是宴会的高利润性，使许多商家不惜代价大搞宴会促销，争取更多的宴会，促进经济效益的提高。

2）发展烹调艺术，提高技术水平

很多食品生产由于受成本、菜单等限制，平时厨师没有机会锻炼，而宴会由于档次高、花色品种多，从而为厨师提供了展示自己厨艺的机会，使其可以创制新产品，发展烹调艺术，提高厨师技术水平。宴会设计、宴会制作、宴会服务等环节相当于为餐饮部工作人员提供一个练兵的舞台。

3)提高饭店声誉,增强企业竞争力

宴会管理复杂,要求较高,涉及面较广。特别是大中型高档宴会,需要一系列专业能力强的管理人员和服务人员。通过宴会组织可以提高管理人员的组织指挥能力,训练服务员临场应变能力,为顾客提供优质服务,从而提高企业的形象和声誉,增强企业竞争力。

1.2 宴会的类型及其各类常见宴会的特点

现代宴会的内容与功能发生了显著的变化,根据不同的分类标准,可以分为不同的种类。例如,按照宴会的菜式划分,有中式宴会与西式宴会;按照宴会的规格与隆重程度划分,可以分为正式宴会与便宴;按照宴会的构成特点划分,有仿古宴会、风味宴会、素席和全类宴会等。对于餐饮企业来说,通常还要考虑宴会规模大小与档次高低。现结合现代宴会的基本特征、内容和功能,根据不同标准,分别介绍各类常见宴会的特点。

1.2.1 按宴会的菜式划分

1)中式宴会

中式宴会是指菜点、饮品以中式菜品和中国酒水为主,使用中国餐具,并按中式服务程序和礼仪服务的宴会。中式宴会反映了中华民族传统文化的特质,其就餐环境与气氛亦突显浓郁的民族特色,是我国目前最为常见的宴会类型。其基本特点如下。

①菜点以中餐传统菜系菜肴为主,同时兼顾地方风味;酒水质量要求高,对生产加工人员的素质有较高的要求。

②餐具用品、就餐环境、台面设计、就餐氛围及其他附属设施都能反映中华民族传统饮食文化特质,如最具代表性的餐具是筷子,餐桌为圆桌,用民族音乐伴奏等。

③服务程序和礼仪都较复杂,突出中国特色,因此对服务人员的素质要求较高。

④宴会适应面广,既适用于礼遇规格高、接待隆重的高层次接待,又适用于一般的民间聚会。

2)西式宴会

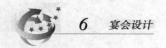

西式宴会是指菜点、饮品以西餐菜品和西洋酒水为主,使用西餐餐具,并按西式服务程序和礼仪服务的宴会。目前,西式宴会在我国的涉外酒店与餐厅较为流行。其基本特点如下。

①宴会菜点以欧美菜式为主,饮品使用西洋酒水。

②宴会餐具用品、厅堂风格、环境布局、台面设计、音乐伴餐等均突出西洋格调,如使用刀、叉等西式餐具,餐桌为长方形等。

③宴会服务程序和礼仪都有严格要求,对服务人员的素质要求亦较高。

④宴会形式多样,西式宴会根据菜式与服务方式的不同,又可分为法式宴会、俄式宴会、英式宴会和美式宴会等。随着日、韩菜式的兴起,日、韩式宴会在我国亦被纳入西式宴会的范畴。

1.2.2 按宴会的规格和隆重程度划分

根据宴会的规格和隆重程度,可将宴会分为正式宴会和便宴。

1)正式宴会

正式宴会一般指在正式场合举行的、礼仪程序讲究、气氛热烈而隆重的宴会。根据举办形式、服务程序等方面的不同,正式宴会又可分为餐桌服务式宴会、冷餐会、鸡尾酒会、茶话会等。

(1)餐桌服务式宴会

餐桌服务式宴会一般在中午或晚上进行,其主要特点有以下几个方面。

①提供全套餐桌服务,礼仪与服务程序都十分讲究。

②菜品规格要求高。

③就餐环境十分考究,一般要求较完备的服务设施。常通过整体装修、场地布置、台面设计来烘托气氛。

④宾主就餐服饰比较讲究,并都按身份排位就座。

⑤对餐具、酒水、陈设、服务员装束、仪态都有严格要求。

⑥宴会菜单设计精美,多数情况要派发请柬。

(2)冷餐会

冷餐会属于自助式宴会,常用于正式的官方活动,有时也用于隆重的宴请,如国庆招待会;还常用于庆祝各种节日以及欢迎来访团体。同时,在各种开幕闭幕典礼、文艺演出、体育比赛、国际国内会议前后,往往都要举行各种冷餐会,近年来国际、国内各种大型接待活动采用冷餐会的形式日渐普遍。与餐桌服务式宴会相比,冷餐会有以下一些特点。

①举办场地选择余地大。冷餐会既可在室内,又可在户外;既可在正规餐厅,又可在花园里举行。

②场地布置灵活多样。冷餐会一般都不排席位,不设主宾席;也无固定座位,常用长桌,有时也用小桌;既可设座椅,宾客自由入座,也可不设座椅,站立就餐,赴宴者可自由活动。

③菜点一般要求质量较稳定,易于运送、存放和取食;以冷食为主,亦可配上部分热菜。菜肴、点心一般事前摆放在桌上,供客人自由选择,多次取食。酒水大多陈放在桌上,有时也可由服务员端送。

④冷餐会举办时间一般在中午12时至下午2时,或下午5时至7时左右。

⑤根据主客双方身份、参加宴会人数,冷餐会规格和隆重程度可高可低,规模可大可小。

(3)鸡尾酒会

鸡尾酒会其实可看作是冷餐会的一种特殊形式,盛行于欧美,在我国通常称其为酒会。与普通冷餐会相比,鸡尾酒会有以下特点。

①提供的菜肴饮品以酒水为主,尤其是鸡尾酒等混合调制饮料,同时配以少量小食品,如布丁(pudding)、三明治、串烧、炸薯条等。

②酒会形式简单灵活。酒会一般不设座椅,只放置小桌或茶几,也没有主宾席,所有客人站着进餐,方便客人随意走动。

③酒会举行时间选择灵活,中午、下午、晚上均可;同时酒会的请柬通常注明酒会的延续时间,客人可在酒会进行期间任何时间到达或离开,不受约束。

④酒会既可作为大中型中西餐宴会的前奏活动,也可用于举办记者招待会、新闻发布会、签字仪式等场合。

⑤这种形式的宴会比较自由,便于就餐者的广泛接触交谈。

(4)茶话会

茶话会属座餐式,是各类社团组织、单位或部门在节假日或需要之时而举行的一种以饮茶、吃点心为主的欢聚或答谢的宴会形式。茶话会是正式宴会中最简便的一种招待形式,其基本特点如下。

①场地、设施要求简单。茶话会通常设在会议厅或客厅,厅内设茶几、座椅,一般不排席位,但有贵宾出席时可考虑将主人与贵宾安排坐在一起,而其他人随

意就座。

②饮品以茶为主,略备茶点水果,没有酒馔。

③茶叶、茶具的选择,应考虑季节、茶会主题、宾客风俗与喜好等因素。如春、夏、秋季举行茶会一般用绿茶,冬季举行茶会用红茶;接待欧美宾客的茶会用红茶,接待日本及东南亚宾客的茶会用绿茶;某些接待外国客人的茶话会,有时又以咖啡代替茶叶,其组织和安排与茶话会相同。

④由于茶话会简便而不失高雅,气氛随和而热烈,近年来国内许多大型接待活动已由传统餐桌服务式宴会向茶话会过渡,体现了人们简朴务实的时代风尚。

2)便宴

便宴是相对于正式宴会而言,一般不讲究礼仪程序和接待规格,对菜品数量也无严格要求,气氛随和,主要用于非正式场合的宴请,如家宴,它是宴请者在家中举行的便宴形式,通常由家庭主妇亲自下厨烹调,家人共同招待。

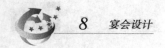

1.2.3 按宴会菜品的构成特征划分

按宴会菜品构成特征来划分,宴会又可以分为仿古宴会、风味宴会、全类宴会和素席四大类。

1)仿古宴会

仿古宴会是指将古代较具特色的宴会融入现代文化而产生的宴会形式。我国历代传承的宴会形式、宴会菜品、宴会礼仪是我国传统饮食文化的重要组成部分,对当今宴会的发展仍具有重要的参考和借鉴价值。对古代宴会的挖掘、整理、吸收、改进、提高和创新,不仅可以丰富宴会的花色品种,进一步满足市场需求,创造良好的经济效益,而且可以弘扬中华文化,增强民族凝聚力。如近年来一些地方试制的"仿唐宴"孔府宴"""红楼宴"等都是一种有益的尝试,并受到了市场的欢迎。再如,我国许多地方包括港澳、台湾地区,甚至海外一些国家和地区,吸取古代满汉全席的精华,融入现代最新宴会技术成果,创造出新型满汉全席,深受宾客青睐。

2)风味宴会

风味宴会就是指宴会菜品、原料、烹调技法和(或)就餐与服务方式具有较强的地域性和(或)民族性的宴会。风味宴会按国内地方风味来分,有川菜宴会、粤菜宴会、湘菜宴会、清真宴会等;按原料特殊风味来分,有海鲜宴会、野味宴会、药膳宴会等;按特殊烹调方法来分,有烧烤宴会、火锅宴会等;按某一国家和地区的菜品来分,有法式宴会、日式宴会、泰式宴会等。风味宴会有以下几个基本特点。

①这类宴会一般可分为两大类:一类是风味菜肴宴会;一类是风味小吃宴会,如西安饺子宴、四川风味小吃宴等。菜品具有明显的地域性和民族性,强调正宗、地道。

②提供简洁而具有民族特色的宴会服务。

③宴会菜品种类受季节影响较大,各季节的品种相对稳定。

④餐具、宴会台面、就餐环境具有鲜明的地方特色和民族风格。

3)全类宴会

全类宴会也称“全席”“全料席”。在宴会的发展与演变过程中,全类宴会逐渐具有了以下三种不同的含义。第一种含义是指宴会的所有菜品均以一种原料,或者以具有某种共同特性的原料为主料烹制而成,这类宴会称为全类宴会。如全鸡席、全鸭席、全猪席、全牛席、全羊席、全鱼席、全素席、豆腐席等。第二种含义是指凡有座汤的宴会,在座汤之后跟上四个座菜的宴会称为全席,座菜多为蒸菜,如海参席、鱼圆席、鲍翅席等。第三种含义主要指“满汉全席”。通常情况下“全席”是指第一种含义。

4)素席

全类宴会中较独特的一类是“素席”。“素席”也称“斋席”,是指菜品均由素食菜肴组合而成的宴会。“素席”由于不用荤食品,与印度佛教中提婆达多教派“不食荤”的极苦修行主张相似,因而通常被人们赋予了一定的宗教色彩;素食通常被称为“斋食”,而“素席”又常被称为“斋席”。当然,从饮食历史上看,素食并非宗教的产物,我国自古就有素食的习尚。素食和“素席”与我国传统饮食结构发展一脉相承。

“素席”与素食有着密切的关系,我国传统素食主要有三个流派,即寺院斋菜、宫廷素菜和城市商业素食。寺院斋菜是泛指道家、佛家宫观寺院烹饪的以素食为主的馔肴,如扬州的“大明寺”、新都的“宝光寺”、沈阳的“太清宫”等都有风味各异的寺院菜;宫廷素菜主要是指以前皇室中专为王、帝、后、世子所享用的素食馔肴,如清代御膳房就设有“素局”;城市商业素食主要是满足普通人群需要而在餐厅中出售的素食菜品。这三个流派的素食对我国“素席”的内容和格局都有着重要的影响。

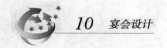

1.2.4 按宴会的性质与主题划分

宴会主办者、主持者的身份以及举办宴会的目的决定了宴会的性质与主题。根据宴会的性质和主题通常可以将宴会分为公务宴会、国宴、商务宴会、亲情宴会四个大类。

1）公务宴会

公务宴会主要是指政府部门、事业单位、社会团体以及其他非赢利性机构或组织因交流合作、庆功庆典、祝贺纪念等有关重大公务事项接待国内外宾客而举行的宴会。这类宴会主要有以下几个基本特点。

①接待活动围绕宴会公务活动主题安排。公务宴会的接待形式既可以是简便的鸡尾酒会，也可以是中西餐桌服务式宴会。

②讲究礼仪，注重环境设计。宴会参与人员均以公务身份出现，由于宴会的主题与公务活动有关，因此整个宴会比较注重礼仪形式。同时，宴会环境布置也同宴会主题相协调，如在餐厅中放置或悬挂宴请方和被宴请方的标志或旗帜等。

③这类宴会一般都有固定的程序和规格。宴会的公务性质要求宴会的接待规格一定要与宾主双方的身份相一致，而且宴请程序也相对固定，如开宴前的祝酒致辞、席间祝酒和宴会结束安排等都有相应的惯例。

2）国宴

国宴是一国元首或政府首脑为国家重大庆典，或为外国元首、政府首脑到访而举行的正式宴会。这是接待规格最高、礼仪最隆重的一种宴会形式。当然，接待规格最高并非指宴会的价格档次最高，而是指参加宴会的人员其公职身份、地位最高，因为国宴由国家元首或政府首脑主持，被宴请的对象主要是其他国家元首或政府首脑，同时可能还有其他高级领导人和社会各界名流出席作陪。实际上国宴也属于公务宴会的范畴，是一种特殊的公务宴会，它是公务宴会的最高级形式。国宴一般有以下一些基本特征。

①政治性强，礼仪礼节特殊而隆重。由于主持人和被宴请者分别代表不同的国家，从而使宴会带有较强烈的政治气氛，因此国宴的礼仪礼节和整体设计既要体现主办国民族自尊、自信、自强和热情好客的风尚，国家独立自主的尊严以及高度的精神文明，同时又要体现国家与民族之间平等尊重、友好合作的时代主题。宴会礼仪礼节要求严格，接待安排细致周密，无论是出席宴会的宾客和主持人，还是负责接待的宴会工作人员，都必须以庄重、得体的举止出现在宴会的举

办场所。

②宴会环境高贵典雅,气氛热烈庄重。国宴从环境布置、服务人员的装束、言谈举止都必须显示出热烈、庄严的气氛。如举办场地悬挂国旗,安排乐队演奏双方国歌及席间乐等。

③宴会台面与菜品设计既要体现本国特色,又要考虑宾客的宗教信仰和风俗习惯。

④宴会举行的时间一般在中午和晚上。另外,负责外交事务的部门和人员,通常要负责安排和组织宴会的接待工作。

3)商务宴会

商务宴会主要是指各类企业和赢利性机构或组织为了一定的商务目的而举行的宴会。商务宴请的目的十分广泛,既可以是各企业或组织之间为了建立业务关系、增进了解或达成某种协议而举行,也可以是企业或组织与个人之间为了交流商业信息、加强沟通与合作或达成某种共识而进行。随着我国对外开放程度的加强、市场经济的确立,尤其是在我国加入世界贸易组织后,商务宴请在社会经济交往中日益频繁,商务宴会亦成为酒店与餐饮企业的主营业务之一。进行商务宴会设计,应考虑以下几方面的因素。

①尽量了解宴请双方的共同偏好和特点,了解双方共同的喜好。为了表现双方的友谊,在环境布置、菜品选择上要突出与迎合双方,使商务洽谈在良好的气氛与环境中进行。

②商务宴请的目的和性质决定了宴会的程序与普通宴会的程序有所不同。宾主之间往往边吃边洽谈,因此服务人员要及时与厨房沟通,控制好上菜节奏。

③宴请过程中如果出现洽谈不顺利的局面,服务人员应利用上菜、分菜、斟酒、送毛巾等服务暂时转移一下双方注意力,缓和气氛。

④商务宴请已经成为现代商业活动的一个组成部分。商务宴会设计、组织及实施的成功与否,不仅关系到承办餐饮企业的经济效益与声誉,同时也对宴请双方的商务活动有着重要的影响。一个成功的商务宴会可能会给宴请双方带来成功的商业合作,相反,一个设计失败的商务宴会可能会使宴请双方的合作中断,并给双方造成较大的经济损失。

4)亲情宴会

亲情宴会主要是指以体现个体与个体之间情感交流为主题的宴会。这类宴会同公务宴会、商务宴会相比,最主要的区别有两点:一是宴会主题与公务或商务无关，而是以体现人们私人情感交流为目的；二是宴会主办者和被宴请者均以私人身份出现。由于人与人之间情感交流十分复杂，涉及人们日常生活的各个方面，如亲朋相聚、洗尘接风、红白喜事、乔迁之喜、周年志庆、添丁祝寿、逢年过节等，尤其在饮食文化相当发达的中国，宴会已经成为饮食文化的重要表现形式，人们可以有各种理由举办宴会，也可以通过宴会来表达各自的思想感情和精神寄托，因此亲情宴会设计的基本原则是尊重个性、突出个性以及个性化服务。亲情宴会的主题相当丰富，常见的亲情宴会主要有婚宴、寿宴、迎送宴、纪念宴、家庭便宴、节日宴会等。

(1)婚宴

婚宴通常是婚礼的组成部分，是人们在举行婚礼时为宴请前来祝贺的亲朋好友和祝愿婚姻幸福美满而举办的宴会。在设计婚宴时，环境布置、台面与餐具用具的选择应突出喜庆吉祥的气氛，如多用红色，因为在我国"红色"有吉祥喜庆之意；主餐桌应设计得更美观，以突出新郎、新娘的位置，并保持餐桌之间有足够的距离，以便于新郎、新娘与来宾相互敬酒，同时还要考虑不同地区和民族的风俗习惯。

(2)寿宴

寿宴也称生日宴，是人们为纪念出生日和祝愿健康长寿而举办的宴会。在我国一些地区，在小孩出生满一个月时，有宴请亲朋以示庆贺的习惯，俗称"满月酒"，这也属于生日宴的范畴，是特殊的生日宴。寿宴在菜品选择上应突出健康长寿之意，如冷菜拼盘采用松鹤延年，主食配寿桃、寿面等；菜品选择还应以生日者的需要为主，随着中西文化的不断交流，人们在生日宴会上还常常配生日蛋糕，庆祝程序也中西合璧，如点蜡烛、吹蜡烛、唱生日歌等。

(3)迎送宴

迎送宴主要是指人们为了给亲朋好友接风洗尘或欢送话别而举办的宴会。接风洗尘的宴会要突出热烈、喜庆的气氛，体现主人热情好客以及对宾客的尊敬与重视；欢送话别的宴会应围绕友谊、祝愿和思念的主题来设计。

(4)纪念宴

纪念宴是指人们为了纪念与自己有密切关系的某人、某事或某物而举办的宴会。这类宴会环境的设计一般要有突出纪念对象的标志，如照片、文字或实物，以烘托出思念、缅怀的气氛，餐、用具的选择亦要表现出怀旧的格调。

(5)家庭便宴

家庭便宴是指在家中款待客人的宴会。家庭便宴没有其他宴会那么复杂繁琐的礼仪与程序,可以不排席位,菜品往往由主妇亲自下厨烹调,家人共同招待,菜品道数亦可酌情增减,因此气氛轻松、随和、亲切,是宴会中最不正式的一种形式,但却最能增进人们之间的情感交流。家庭便宴应用最广,是各国人民最喜爱的宴请形式之一,即便是各国政要亦经常以这种形式在家宴请来宾,如邓小平就曾在家中宴请过美国前总统里根夫妇,而美国总统布什也曾在自己的农场宴请过江泽民主席。

(6)节日宴会

节日宴会是指人们为欢庆法定或民间节日,为沟通感情而举行的宴会活动。节日是宴会销售的良好时机。在节日里,人们有闲暇时间到餐厅消费而且也愿意在每年一度的节日多花费。现在餐厅进行宴会销售利用的节日主要有圣诞节(12月25日)、元旦(1月1日)、春节(大年三十或正月初一)、劳动节(5月1日)、中秋节(农历八月十五)、国庆节(10月1日)、情人节(2月14日)、美食节(餐厅可根据需要举办各种美食节,定于不同的日子里)等。设计节日宴会时要注意以下几方面。

①突出节日气氛。为了突出节日的喜庆气氛,应选用具有节日特点的装饰物来布置宴会厅。例如在圣诞节用圣诞树、彩灯、彩球、圣诞老人图画等来营造圣诞气氛;在春节可张贴春联、悬挂彩灯、摆放金橘树等。

②设计专门的节日宴会菜单。针对不同节日的特点及各个节日所处的季节而设计的菜单,既沿袭了传统习俗,又具有新颖独特的菜点,这是吸引宾客前来消费的主要亮点。

③留出宽敞的娱乐场地。为了使宾客在节日宴会中更加尽兴,餐厅除了设计专门的宴会菜单、提供优质的服务外,往往还根据不同场合组织一些娱乐节目。如在宴会期间组织乐队演奏,邀请著名歌星、影星前来助兴,组织有奖竞猜、席间抽奖,派发神秘礼物等。所以在宴会场地布置时要搭建演出台、主席台或在宴会厅中央留出娱乐表演场地。

④服务员要注意仪容仪表。节日期间人们心情愉快,服务人员应面带微笑,热情地迎接每一位来宾。为了烘托气氛,服务员甚至可进行节日装扮。例如在圣诞节,服务员可戴上一顶圣诞小红帽,还可选一名身材高大、和蔼可亲的服务员装扮成圣诞老人,为来宾发放圣诞礼物,同客人合影留念等。但要注意,服务员的装扮不可过于怪诞,以免引起客人反感。

⑤坚守岗位,做好各项服务工作。由于节日宴会期间经常穿插一些娱乐项目,服务员常会被精彩的节目吸引而驻足旁观。所以在宴会前宴会负责人一定要开好席前工作会议,反复强调服务注意事项;宴会期间也要做好督导工作,使

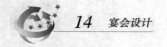

服务员坚守各自岗位,不为热闹场面所吸引,保证宴会服务质量。

1.3 宴会设计

谈到宴会设计,许多人认为就是宴会菜单设计,其实这是对宴会设计的狭隘理解。诚然,宴会菜单设计是宴会设计的重要内容之一,但宴会设计绝不仅仅是宴会菜单的设计,它还包括场境、服务、程序、安全等多方面的内容。本文所指的宴会设计,是一种综合的、广义的宴会设计。

1.3.1 宴会设计的含义和作用

1)宴会设计的含义

所谓宴会设计,它是指根据宾客的要求、承办单位的物质条件和技术条件等因素,对宴会场境、筵席台面、宴会菜单及宴会服务程序等进行统筹规划,并拟出实施方案和细则的创作过程。宴会设计既是标准设计,又是活动设计。所谓标准设计,这是指宴会设计如同建筑设计、服装设计一样,它是对宴会这个特殊商品的质量标准(包括服务质量标准、菜点质量标准)进行的综合设计。所谓活动设计,它是指宴会是一种众人聚会的社交活动,它是对宴会这种特殊的宴饮社交活动方案进行的策划、设计。

2)宴会设计的作用

宴会设计是对整个宴饮活动的统筹规划和安排,因此它对宴饮活动的内容、程序、形式等具有一定的计划作用;对宴饮活动的开展和进行具有一定的指挥作用;对宴会产品的质量具有一定的保证作用。

(1)宴会设计的计划作用

举办一场宴会,要做的事情很多,涉及餐饮部乃至酒店的许多部门和岗位。从与顾客(或主办单位)洽谈到物质原料采购,从环境布置、卫生清扫到餐桌摆台、灯光音响,从菜单设计、菜品加工到上菜程序、酒水服务……所有这些,如果事先没有一个计划,没有一个统筹安排,很有可能造成各行其是、缺乏协调的无序状态。宴会设计方案就是宴饮活动的计划书,它对宴饮活动的内容、程序、形式等起到了计划作用。

(2)宴会设计的指挥作用

一个大型的宴饮活动,除了要有一个具体的人统一指挥外,更重要的是要能让每一位工作人员能够主动按照要求去做。宴会设计方案制订并下达以后,各部门、各岗位的工作人员就应该按照设计方案中规定的要求去做。例如,宴会设计中规定了筵席菜谱的内容,采购员就可以按照菜单购买原料,厨师就可以根据菜单加工烹调,服务员根据桌数、标准及其他要求进行摆台、布置。因此,从一定意义上来讲,宴会设计方案就像一根无形的指挥棒,指挥着所有宴会工作人员的操作行为和服务规范。

(3)宴会设计的保证作用

宴会是酒店出售的一种特殊商品,这种商品既包含有形成分(如菜肴),也包含无形成分(如服务)。既然是商品,当然就应该有质量标准。宴会设计有如质量保证书,它是对宴会这种特殊商品进行的质量标准设计,厨师、服务员等根据已设计的质量标准去做,才能确保宴会质量。因此,宴会设计对宴会质量具有一定的保证作用。

1.3.2 宴会设计的基本要素

宴会设计包含人、物、境、时、事五个基本要素。

1)人

"人"包括设计者本人及餐厅服务人员、厨师、宴会主人、宴会来宾等。宴会设计者的学识水平、工作经验是宴会设计乃至宴会举办成功与否的关键。宴会设计者是宴饮活动的总设计师、总导演、总指挥。餐厅服务员是宴会设计方案的具体实施者,宴会设计者要根据服务人员的具体情况,作出合理的分配和安排。厨师是宴会菜品的生产者,宴会设计师要充分了解厨师的技术水平和风格特征,然后对筵席菜单作出科学、巧妙的设计。宴会主人是宴会商品的购买者和消费者,宴会设计时一定要考虑迎合主人的爱好,满足主人的要求。宴会来宾是宴会最主要的消费者,宴会设计时要充分考虑来宾的身份、习惯和爱好等因素,从而进行有针对性的设计。

2)物

"物"是指宴会举办过程中所需要的各种物资设备,包括餐厅桌、椅、餐具、饰品、厨房炊具、食品原料等,这些"物"的因素是宴会设计的前提和基础。宴会设计必须紧紧围绕这些硬件条件进行，否则，脱离实际的设计肯定是要被否定的，这也是宴会设计所要遵循的一条基本原则。

3）境

“境”是指宴会举办的环境，它包括自然环境和建筑装饰环境等。宴会设计要考虑环境因素，同样环境因素也影响宴会设计。繁华闹市临街设宴与幽静林中的山庄别墅设宴不一样；豪华宽敞的大宴会厅与装饰典雅的小包房设宴不一样；金碧辉煌的现代餐厅设宴与民风古朴的竹楼餐厅设宴不一样。因此，“境”是宴会设计不可忽视的一个重要因素。

4）时

“时”是指时间因素，包括季节因素、中餐晚餐、订餐时间与举办时间、宴会持续时间、各环节协调时间等。“时间”是宴会设计不可或缺且有一定影响的重要因素之一。季节不同，筵席菜点选料有别；中餐设宴与晚餐设宴性质也存在一定差异；订餐时间与举办时间的距离长、短，决定宴会设计的繁、简；宴会持续时间的多少，决定服务方式和服务内容的安排；大型宴会各项活动内容的时间安排与协调，影响整个宴饮活动的顺利进行。因此，“时间”是宴会设计的先决条件和要素之一。

5）事

“事”是指宴会为何事而办，达到何种目的，这也是宴会设计师在宴会设计之前和设计过程中应该考虑的重要因素之一。不同的宴事，其环境布置、台面设计、菜点安排、服务内容是不尽相同的，宴会设计要因“事”设计，设计方案要突出和针对宴会主题，紧扣不偏，也不能雷同。

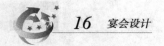

宴会设计就是要根据人、物、境、时、事五大要素反馈的信息，充分利用各方面知识，进行科学、合理的设计，以期达到满意的效果。

1.3.3 宴会设计的内容和要求

宴会设计的内容十分广泛，依据目前的层次和内涵来看，应包括宴会场境设计、宴会台面设计、宴会菜单设计、宴会酒水设计、宴会服务及程序设计、宴会安全设计等方面的内容。

①宴会场境设计。

宴会场境设计是指宴会举办场地及其周围环境的设计。宴会环境包括大环境和小环境两种，大环境就是宴会所处的特殊自然环境，如海边、山巅、船上、临街、草原蒙古包、高层旋转餐厅等。小环境是指宴会举办场地在酒店中的位置，宴席周围的布局、装饰桌子的摆放等。宴会场境设计对宴会主题的渲染和衬托起奠基作用，若是利用好大环境和小环境，收效将无法比拟。

②宴会台面设计。

宴会台面设计就是根据一定的进餐目的和主题要求，将各种餐具和桌面装饰物进行组合造型的创作过程，它包括台面物品的组成、台面物品的装饰造型、台面设计的意境等。台面设计是宴会设计的一个重要内容之一，它在烘托宴会气氛、突出宴会主题、提高宴会档次、体现宴会水平等方面具有重要作用。

③宴会菜单设计。

宴会菜单设计是宴会设计的核心，它是对宴会菜肴及其组合进行科学、合理的设计。宴会菜单设计是以人均消费标准为前提，以顾客需要为中心，以本单位物资和技术条件为基础的综合菜谱设计。其内容包括各类食品的构成、营养设计、味形设计、色泽设计、质地设计、原料造型设计、烹调方法设计、数量设计、风味特色设计等。

④宴会酒水设计。

宴会酒水设计也是宴会设计的一个重要内容，“无酒不成席”是中国人的传统习俗，“以酒佐食”和“以食助饮”是一门高雅的饮食艺术，酒水是宴会的“兴奋剂”。能否把宴会推向高潮，酒水是关键，例如酒水如何与宴会的档次相一致，酒水如何与宴会的主题相吻合，酒水如何与菜点相得益彰，这都是宴会酒水设计所涉及的内容。

⑤宴会服务及程序设计。

宴会服务及程序设计，是对整个宴饮活动的程序安排、服务方式规范等进行的设计。其内容包括接待程序与服务程序、行为举止与礼仪规范、席间乐曲与娱乐杂兴等。宴会程序与服务设计是确保宴会得以圆满成功的重要因素之一。一个大型宴会如果在程序安排上稍有不慎，或是在宴会服务过程中稍有闪失，往往会造成不良后果，这种事例在日常经营服务活动中时有发生。

⑥宴会安全设计。

宴会安全设计是对宴会进行前后可能会给顾客造成的各种不安全因素的预防和设计。其内容包括顾客人身安全设计、食品原料安全设计、顾客财物安全设计、服务过程安全设计、来往交通安全设计等。

一个大型(或重要)的宴会，所涉及或需要设计的内容很多，要全面、科学、合理地设计好一场宴会，必须做到以下几点。

1)突出主题

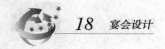

任何宴会都是带有一定社交目的的活动,这种"目的"亦即宴会主题。围绕宴饮目的,突出宴会主题,乃是宴会设计的宗旨。例如政府举办的国宴,目的是想通过宴饮达到相互沟通、友好交往的目的。围绕这一目的,在设计上就要尽量突出热烈、友好、和睦的主题气氛。再如民间举办婚宴,目的是让众多的亲朋好友前来祝贺新郎、新娘喜结良缘。围绕这一目的,在设计时就要突出吉祥、喜庆、佳偶天成的主题意境。总之,根据不同的宴饮目的,突出不同的宴会主题,是宴会设计的起码要求,反之,如果不了解顾客的宴饮目的,宴会设计脱离了宴会主题,那么轻者可能会导致顾客投诉,重者可能会导致整个宴会失败。

2)特色鲜明

宴会设计贵在"特色",一个成功的宴会必然有它独特的风格。这种特色或表现在菜点上,或表现在酒水上,或表现在服务方式上,或表现在娱乐上,或表现在场境布局上,或表现在台面设计上,等等。有人说,世上没有完全相同的两片树叶;同样地,世上也没有完全相同的两场宴会。这是因为不同的进餐对象,由于其年龄、职业、地位、性格等不同,其饮食爱好和审美情趣各不一样,因此,在宴会设计时应有所区别,不可千篇一律。即使是同一组人在不同时间设宴,也至少应该在菜点设计上有所变化,不可雷同。

宴会的特色集中反映在它的民族特色或地方特色上。特别是近几年,随着旅游业的发展,人们每到一地旅游,都希望能领略到异域他乡的民风民俗,欣赏到与本地区、本民族不同的异质文化。宴会就是一种最能够反映一个地区或民族淳朴民俗风情的社交活动,它往往通过地方名特菜点、民族服饰、地方音乐、传统礼仪等,展示宴会的民族特色或地方风格。

宴会还应突出酒店自身的特色。每个酒店都应该有一整套自成体系的宴会模式,这种模式必须是有别于其他酒店的,带有浓厚的本酒店的风格特征。特别是在市场经济条件下,餐饮市场竞争激烈,宴会营销要想在业内市场上占主动,必须要有自己的特色。譬如:武汉蓝天宾馆借助空军部队运输的便利,宴会设计中突出"海鲜"的特色;武汉猴王大酒店宴会突出《西游记》文化特色,"猴王宴"在江城颇有影响。因此,强调宴会特色是宴会设计的基本要求。

3)安全舒适

宴会既是一种欢快、友好的社交活动,同时也是一种怡养身心的娱乐活动。

赴宴者乘兴而来，为的是获得一种精神和物质的双重享受，因此，“安全”和“舒适”是所有赴宴者的共同追求。宴会进行过程中有许多影响安全的因素，诸如电、火、食品卫生、建筑设施、服务活动等，宴会设计时要充分考虑和防止这些不安全因素的发生，避免顾客遭受损失。“舒适”的含义比较抽象，不同的人、不同的消费档次、不同等级的酒店，对“舒适”的要求程度各不一样，但是，优美的环境、清新的空气、适宜的室温、可口的饭菜、悦耳的音乐、柔和的灯光、优质的服务是所有赴宴者的共同追求，也是构成“舒适”的重要因素。为了满足宴会主办者（包括赴宴者）对“舒适”的要求，宴会设计师在进行宴会综合设计时，要把“舒适”作为一项前提条件进行筹划和设计，以期达到理想的效果，尽量满足顾客的要求。

4）美观和谐

宴会设计从某种角度来看，它是一种“美”的创造活动，宴会场境、台面设计、菜点组合、灯光音响，乃至服务人员的容貌、语言、举止、装束等，都包含许多美学内容，体现了一定的美学思想。宴会设计就是将宴会活动过程中所涉及的各种审美因素，进行有机的组合，达到一种协调一致、美观和谐的美感要求。

5）科学核算

宴会设计从其目的来看，可分为效果设计和成本设计。前面谈到的四点要求，都是围绕宴会效果来讲的。其实，作为酒店举办的宴会，最终目的还是为了赢利，因此，我们在进行宴会设计时，时时处处要考虑成本因素，对宴会各个环节、各个消耗成本的因素要进行科学、认真的核算，确保宴会的正常赢利。否则，只顾宴会效果（俗称社会效益），不顾宴会成本的设计，不是成功的宴会设计。

1.3.4 宴会设计的步骤

纵观各种宴会的设计过程，一般都要经过获取信息、分析研究、制订草案、讨论修改、下达执行等五个步骤。

1）获取信息

宴会设计不是随心所欲的盲目设计，而是具有一定针对性的设计。针对主人的要求，针对顾客的特点，针对宴会的标准，针对开宴的时间，所有这些“针对”的内容，都是宴会设计师需要获取的信息。宴会设计的信息，如同作家创作的素材，没有素材，作家将无法创作；同样，没有信息，宴会设计师也无法进行设计。宴会设计信息主要包括五个方面的内容:一是宴会主办单位(或个人)。有了主办单位,在设计过程中就可以主动与主办单位及其负责人取得联系,交换意见,商量和修改设计方案,并根据主办单位提出的具体要求进行设计。二是宴会标准及规模。宴会标准是指宴会人均消费标准,或者是指筵席每桌统一标准。宴会标准信息是宴会成本设计的前提和基础,也是决定宴会设计档次和水平的重要因素。宴会规模的大小也是宴会设计的信息内容之一,一桌和十桌不一样,它们在场地安排、菜点制定、服务方式、整体布局等方面都存在着一定的差异。三是进餐对象。宴会进餐人员一般可分为三大类:一是主人,二是来宾,三是其他人员(包括司机、翻译、记者等有关人员)。宴会设计时要充分了解主人的设宴意图、来宾的兴趣爱好、其他人员的有关情况,然后才能进行有针对性的设计,尽可能满足绝大多数人的宴饮要求。四是开宴时间。开宴时间也是很重要的一项信息内容,它包括开宴与订餐的时间差、宴会持续时间、是中午还是晚上举行等,这每一项时间内容都影响宴会的设计内容。五是酒店条件。它包括人的因素,如人员是否够用、业务技术情况等;物的因素,如餐厅面积、布局情况、各种用品等。酒店条件是宴会设计的限制性因素,宴会设计必须在本酒店各方面条件可能或允许的情况下进行,否则,不了解和掌握本酒店人员情况和物资设备条件情况,即使设计得再好,在实施时也可能会碰到这样或那样的问题,难以达到成功的目的。

信息的获取途径和方法是多种的,有顾客提供的,如进餐时间、宴会标准及规模、进餐对象及要求等;有主动收集的,如接待某些知名人士或社会要人,又称VIP 客户,就要通过各种途径和方法掌握其爱好、兴趣、禁忌。不管是通过什么方法获取信息,都要做到准确、真实。

2)分析研究

各种有关信息资料收集汇总以后,就要进行综合分析研究。这是宴会设计过程的第二个重要步骤。分析研究即是要对各种信息资料进行具体分析,研究制订一套切合实际、符合要求的宴会设计方案。要做好分析研究工作,必须做好以下几点:第一,要全面认真。对所掌握的信息资料,要尽可能全面、认真地分析研究,了解其特点和作用,并构思如何在宴会实施过程中突出宴会主题,满足顾客要求。第二,要切合实际,也就是我们设计的方案要符合已经掌握的信息要求。第三,要有创意。我们在分析研究时,既要实事求是,联系具体实际,同时也要解放思想,大胆突破陈旧模式,在宴会形式和内容上都应该有所创新。

3)制订草案

通过对所掌握的信息资料进行分析研究(亦即构思)后,第三步就是制订草案。草案由一人主持制订,综合多方面的意见和建议,形成一套详细、具体的设计方案,交由主管领导或主办单位负责人审定,或者制订出二至三套可行性方案由相关人员选定。草案一般是以书面形式上报,上报至哪个层次,视宴会等级、规模、影响等因素而定。

4)讨论修改

草案仅仅是宴会设计者的初步思考结果,一般不能作为定论。草案制订出来后,首先要征求主办单位负责人和酒店领导的意见,依据主办单位负责人提出的意见对草案进行修改,尽量满足主办单位提出的合理要求。一旦按照主办单位的意图修改完成,该设计方案就可以付诸实施了。

5)下达执行

宴会设计方案设计完成并经通过后,就应该马上下达执行。宴会设计方案的下达形式有两种:一是召集各有关部门负责人或主要人员开会,在会上将本次宴会的重要性及详细设计方案向与会人员作介绍,并就有关问题作具体交代,督促落实执行。二是将本次宴会的设计方案打印若干份,以书面的形式向有关部门和个人下发,具体要求在方案中均作出交代,无需再一一叮嘱。宴会活动是一个系统工程,宴会设计方案下达执行时一定要将每一个环节考虑周全,万不可遗漏和疏忽。

1.4 现代宴会的改革和发展趋势

1.4.1 现代宴会的改革

随着科学技术的不断发展,人们的饮食观念和习俗也在不断进步,尤其是我国加入 WTO 后,各国饮食文化的交流与碰撞日益频繁,我国餐饮业的经营管理者和广大同行也逐渐认识到宴会设计与经营管理必须不断改革和创新,才能使企业在激烈的国际竞争中保持优势,才能把我们的饮食文化发扬光大。宴会改革的最大阻力和困难是人们的传统思想观念。这种陈腐的思想观念主要表现为:比丰富、讲阔气的排场观念；讲顺序、重结构的格局观念；墨守成规、只重经验、不讲科学的保守观念；只重传承、不重借鉴的派系观念；讲等级、排座次的伦理观念；物以稀为贵、不惜暴殄天物的消费观念；只顾兜售、不管浪费的经营观念；以丰盛为尊敬、以俭朴为不礼的尊卑观念等，所有这些都是宴会改革的阻力所在。

当然，宴会改革必须经过宴会设计与制作者和宴会消费者的共同努力才能实现，而宴会设计与制作者的文化素养又是宴会改革的关键所在。由于历史的原因，我国从事餐饮工作的厨师和服务员文化素质普遍较低，他们除了自身的思想观念难以改变外，同时更缺少宴会改革必须运用的一些人文科学知识（如心理学、美学、民俗学、历史学等）和自然科学知识（如营养学、生物学、医学等），这些因素制约了宴会改革的进程，是阻碍宴会改革的内在原因。

1）中式宴会的弊端

(1)贪图丰盛，忽略营养

中国人请客吃饭习惯于以丰为敬，笑穷不笑奢。满桌佳肴即使吃不完浪费，也不以为耻，而一桌酒席菜量恰到好处、刚刚吃完，反被认为主人不敬，甚至遭到嘲讽。人们往往把待人的诚恳、友谊的分量与菜点数量联系起来。人们往往认为宴会菜点越丰盛，越显得交情深厚，越能表达主人的盛情，同时越能表示主人对客人的尊重。而且传统宴会的营养成分严重失衡，有的宴会满桌都是大鱼大肉，而维生素和某些矿物质严重缺乏。饮食讲科学、营养求均衡已成为现代饮食生活的新时尚。

(2)进餐方式落后，环保生态意识淡薄

我国大多的宴会方式中，客人都是在一个盘子中夹菜，在一个碗中盛汤。这样的饮食方式很容易造成细菌的传播。还有的主人为了显示自己的好客，竟用自己的筷子为别人夹菜。像这样的现象表现在畅饮酒水过程中也很多，在盛情、友好、帮助等推动下往往会把酒水兑来倒去，形成中国特色的“鸡尾酒”。中国传统宴会十分重视原料的稀少珍贵，有些用珍稀动物作原料的宴会曾经风靡一时。什么稀少吃什么，什么珍贵吃什么。然而现代的动物保护法已经明确指出这种行为严重地破坏了生态平衡。用珍稀动物作为宴会菜肴原料的行为则已触犯了我国的法律。

(3)冗长拖拉，缺乏效率

我国的传统宴会以丰富见长，一次宴会通常会花上两到三个小时，有的甚至更长。然而随着人们生活节奏的加快，没有人愿意再花这样长的时间去参加一次宴会，所以改变这样的就餐习惯已经成为宴会改革的必然要求。

2）改革的原则

随着时代的发展变化，旧的宴会文化从一定程度上已经与时代发展不相适应，甚至相悖。宴会设计只有紧紧跟随这一变化而变化，才能有新的生命力和大的发展。但是要真正做好宴会改革，并不是一件很容易的事情，必须掌握好以下几项基本原则。

①宴会的改革不能脱离宴会的基本特征。所以宴会的改革必须在宴会特征的基础上进行形式或内容的创新，否则，宴会不再称为宴会。

②宴会的改革不能与市场规律相脱节。宴会作为商品中的一种，要符合市场规律的发展必须从消费者的具体需求出发，其品种必须多样化，价格也必须有高有低。

③宴会的改革要与我国的民族特色相结合。宴会的改革不能离开我国民族文化的大背景，不能为追求标新立异，而将我国宴会文化的特色丢失了。

1.4.2 宴会的发展趋势

进入21世纪，世界经济迅猛发展，社会飞速进步，人们物质文化和生活水平日益提高，生活追求也发生了日新月异的变化。提高生活质量、强调精神享受和文化氛围，逐渐成了人们追求的新境界。为了适应这种时代潮流，传统的宴会方式也进行了大幅度的变革，呈现出以下几种明显趋势。

1）内容与功能呈多元化趋势

宴会文化是人类有关宴会的创造成果的总和，是不断与其他科学技术进行融合的产物，也是精神文明的重要组成部分。宴会内容与功能的多元化趋势主要表现在以下几个方面。

（1）宴会成为一种综合性的社会交往活动

①宴会的文化艺术含量愈来愈高。主办者每次举行比较正规的宴会都要投入较大精力来创造符合宴会主题的意境，营造与之相适应的文化氛围。诸如餐厅的选用、场面气氛的控制、时间节奏的掌握、空间布局的安排、灯光与色彩的搭配、音乐的烘托、餐桌的摆放、台面的布置、台花折叠，以及烟、酒、菜、糖、水果、点心等都紧紧围绕宴会主题来进行，力求调动一切可以调动的手段，努力创造理想的宴会艺术境界，给宾客以美的艺术享受，由此而形成一种新时代的宴会文化。

②现代的宴会与娱乐项目的有机结合。如文艺表演、音乐绘画艺术等都将成为现代宴会乃至未来宴会不可缺少的重要部分。近几年,有宴会引入区域性非物质遗产文化元素,使宴会显得精致而富有艺术性。

由此看来,宴会已经成为人们社交活动的重要组成部分,其社交功能将在人们的社会生活中发挥越来越重要的作用。因此,宴会的成功绝不仅仅取决于酒菜的多少,同时也跟宴会上的气氛和宴会的文化氛围有密切关系。在当今中国,大吃大喝的宴会正在逐渐向简单清新的宴会风格转变,如四菜一汤的宴请形式已成为公宴的主要格局。

(2)宴会的国际化和个性化

所谓国际化,是指中国传统宴会要同国际标准接轨,这是改革开放、东西方饮食文化交流的必然结果,也是各国旅游者和商务宾客的需要;个性化,是指不同地区、不同民族、不同酒店的宴会所具有的地域文化特色,使宴会精彩纷呈、百花齐放,这是社会发展的需要,也是适应竞争的需要。

2)科学化与美食化趋势

所谓科学化,是指未来宴会越来越多地要运用现代科学知识进行定性、定量分析和标准化设计,以满足人体的正常营养需要。科学技术日新月异,促使宴会设计的科技含量不断提高。科学的宴会设计,意味着合理的膳食结构与营养平衡。在我国,从实际情况出发,目前宴会配餐可适当减少荤菜的数量,增加素菜的数量。具体配餐可参照中国营养学会推荐的人均月膳食标准来进行。具体指标包括每人每月谷类14.2 kg、薯类3 kg、蔬菜12 kg、干豆1 kg、水果0.8 kg、肉类1.5 kg、乳类2 kg、蛋类0.5 kg、鱼虾0.5 kg、油类0.25 kg。上述食物除以30天,再除以3即为每人每餐的膳食量。当然,宴会配餐可略高于人的日常膳食摄入量。具体做法主要有以下两种:一是根据国际、国内的科学饮食标准设计宴会菜肴;二是大力推行“四菜一汤”制度,给我国宴会开辟一个新的方向。可以肯定地说,四菜一汤是能够满足与宴者一顿中餐或一顿晚餐对营养的需求的。一切公宴或私宴都应该朝这个方向发展。

美食是人们在饮食活动中美的创造成果和美的欣赏对象。它不仅给人以生理上的满足,而且使人们获得心理的满足,使饮食成为生活中的艺术享受。总之,美食是宴会高度文明的集中表现,随着社会物质文明与精神文明的高度发达,人们对美食的要求越来越显著。宴会作为饮食的最高级表现形式,其美食化趋势已势不可当。宴会的美食化趋势主要表现在三个“美”:一是质美,二是感美,三是意美。前两个“美”源自烹饪成品本身,意美则主是由美器、环境等烹饪成品本身以外的因素引起的饮食者心理上的美好反应。前两个“美”是美食的基础,意美是美食较高层次的追求。

3)快速化与节俭化趋势

所谓快速化,是指宴会使用的原料或菜肴,更多地采用集约化生产方式,大大缩短了宴会菜点的烹调加工时间。随着生活和工作节奏的加快,人们越来越重视宴会活动的效率。宴会菜品加工烹调以及组织实施的快速化趋势,适应了现代人对高效率的需求。

所谓节俭化,是指反对铺张浪费,根据中国国情,提倡适度消费,树立良好的饮食风尚。古代宴会由于统治阶级不知稼墙艰难,挥霍浪费、暴殄天物者居多,如唐代烧尾宴、宋代张俊供奉之宋高宗的御宴、清代千叟宴和满汉全席等宴会。这种以食为主的宴会方式正在被逐渐淘汰。宴会反映一个民族的文化素质,绝不能搞酒足饭饱、一醉方休。改革开放以来,随着我国经济的发展,人民物质生活和文化生活水平的提高,符合现代社会要求的新的思维方式、工作方式、生活方式逐渐为我国人们所接受并日益成为人们的日常行动。表现在宴会上,宴请方式正在向节俭化发展。

宴会符合快捷化、节俭化的发展趋势,应实施下述三点要求。

(1)务实的消费态度

讲求经济实惠、合理消费将逐渐成为人们消费的主导思想。国宴尚可做到菜量适度,品种单纯,选料普通,社会上的宴会更应该从俭办理。

(2)合理的分餐制

分餐制我国自古有之,并非外来之物。分餐制容易控制菜量,减少浪费,一人一份,卫生方便,不用互相礼让,有助于缩短用餐时间,也便于宴会服务员实行规范化管理。

(3)注重宴会品位与格调

现代社会的宴会,旨在联络感情,沟通信息,表达情谊,它是人与人、单位与单位、国家与国家横向往来的一种交际手段。随着人们知识水平的不断提高,设宴更加注重礼仪礼节上的需要,以及思想情感的交流,以使得与宴者在宴会活动中受到文化与艺术的熏陶。

4)形式多样化,风味特色化趋势

宴会形式的多样化是因满足宾客需求而形成的,因人、因时、因地制宜,形式千变万化，精彩纷呈。无论如何演化，宴会的形式总是向标准化、规格化、多样化方向发展；尤其是分食制被越来越多的人接受后，宴会形式名目繁多，新格局不断涌现。宴会的风味特色也是如此，近段时间能反映某国家、民族、地区、城市乃至某酒店所具有的地域文化和民族特色宴会如雨后春笋般，呈现出百花齐放的格局，充分展示了地方风情和民族特色，显示了其独特的韵味，为现代餐饮业创造了诸多奇迹。

思考与练习

1. 什么是宴会？请简述筵席和宴会的主要区别。
2. 简述宴会的基本特征及其作用。
3. 简述宴会按菜式划分可分为哪几类，其特点是什么。
4. 运用宴会设计的五个基本要素，结合赴宴经历，分析其宴会的五要素情况。

小知识链接

中国文化名宴——红楼宴

红楼宴是根据中国古典名著《红楼梦》中对宴会与菜肴的描写而研制的宴会。曹雪芹在小说中描述了丰富多彩的饮食活动，吸收融合了满汉文化、南北文化，形成名目繁多的宴会和饮食场景。书中描写的宴会，按规模有小宴、大宴、盛宴之分；从开宴时间而言，则有午宴、晚宴、夜宴；从办宴内容讲，有生日宴、寿宴、真寿宴、省亲宴、接风宴、家宴、合欢宴、诗宴、灯谜宴、梅花宴、海棠宴、螃蟹宴；从办宴季节来看，有中秋宴、端阳宴、元宵宴；从设宴地方来说，又有芳园宴、大观园宴、大厅宴、小厅宴、怡红院夜宴等。由此，《红楼梦》为我们描绘了一个完整的红楼饮食文化体系。

目前我国有两处较著名的红楼宴，一是江苏的红楼宴，他们对餐厅、音乐、餐具、服饰、菜点、茶饮等进行综合设计，使人恍若置身于《红楼梦》中的大观园中。另一处是坐落于北京中山公园西侧今雨轩的红楼宴，包括红楼大宴、红楼盛宴、红楼家宴、红楼生日宴、季节宴五种宴席。特点是每道菜都有出处，菜上来后再听服务人员介绍这道菜出自《红楼梦》的哪一回，什么人物吃过。这时食客品的不仅仅是菜，而且还有中国经典文学的内涵。

第2章 宴会管理

【学习目标】

通过对本章的学习，要求学生掌握宴会业务部门组织机构设置原则，了解常见宴会业务部门的组织形式，熟悉宴会预订的主要内容与工作程序。

【知识目标】

了解和熟悉宴会预订的内容和工作程序，掌握宴会策划的步骤。

【能力目标】

通过系统的理论知识学习，能对宴会进行策划。

【关键概念】

宴会管理　宴会部　组织机构　宴会预订　宴会策划

问题导入：

宴会业务部门在餐饮企业中通常被称为“宴会部”或“宴会厅”。它作为一个餐饮企业相对独立的部门是隶属于酒店餐饮部的下属部门，其主要任务是负责中西餐宴会、酒会、婚宴庆典会及招待会、茶话会等的销售和组织实施业务。宴会部要想健康、有序、高效地运转，必须建立有效的组织网络，制定严格的管理制度和岗位责任制度，配备高素质的各级管理人员和工作人员，进行科学合理的生产分工，使每位员工明确其岗位的职责和任务，各司其职，为宴会部的总目标而努力工作。实践证明，建立一个结构合理、高效运转的组织机构，是宴会业务顺利开展，并为所属餐饮企业或部门创造最佳社会效益和经济效益的必要前提。

2.1 宴会业务部门的组织机构设置

2.1.1 宴会业务部门组织机构设置原则

宴会业务部门组织机构的设计必须遵循一定的原则，这里对其一般原则作简单介绍。各餐饮企业可根据设置原则，再结合企业本身的营运特点，设计出符合实际业务且具有自身特色的组织机构。

1)根据宴会业务需要设计组织机构

宴会业务部门的工作内容大体相似，通常包括预订菜单设计、原料采购、原料验收、贮藏管理、加工烹调、宴会厅服务等业务活动。但不同的餐饮企业各有其特色和侧重点，因此，应从宴会业务需要出发设计组织机构，即把这些业务功能委派给具体的下属业务部门，使这些业务部门在结构中占有应有的位置。总之，任何宴会业务部门的组织机构都必须根据各自的实际情况和需要，如规模、性质、市场等因素综合考虑。例如，有的酒店与餐饮企业宴会业务部门设立专门的部门进行烹饪菜谱的创新与研究，而有的大型酒店宴会部通常设立专门的部门负责宴会的预订工作、客户档案管理等宴会业务信息管理工作。

2)统一指挥，分层负责

宴会业务的环节十分繁杂，从宴会预订、制订菜单、经营计划、组织、实施到宴会结束以及宴后跟进等工作，都需要全体员工的共同努力方可完成。因此，其组织机构必须保证各种业务活动能在统一指挥下协调一致，克服和减少摩擦与混乱。另外很重要的一点是，组织结构必须保证组织内部各部门之间的沟通渠道畅通。在权责方面，要做到逐级授权，分层负责，责权分明，分工协作，以确保各项业务活动有条不紊地进行。

3)因人制宴，各司其职

宴会业务部门在员工定岗或分配工作任务时，应根据各员工的工作能力、技术水平因人制宜，适当安排，才能充分调动其工作积极性，尽力发挥其主观能动性和聪明才智完成部门的工作目标。

2.1.2 常见宴会业务部门的组织形式

由于各餐饮企业及饭店餐饮部的经营规模和业务重点不同,宴会业务在餐饮销售中的比重不同,宴会业务部门的组织机构设置也不相同。下面简单介绍不同规模下宴会业务部门组织机构的设置。

1)小型宴会部

小型宴会部一般不设专门的宴会餐厅,因此各类宴会业务均由餐饮部大型餐厅去落实完成。宴会部经理与宴会部接待员的主要业务和工作职责就是开展销售活动、承接宴会预订和进行宴会业务信息管理。

小型宴会部通常只设两个层次和两个岗位,如图2.1所示。

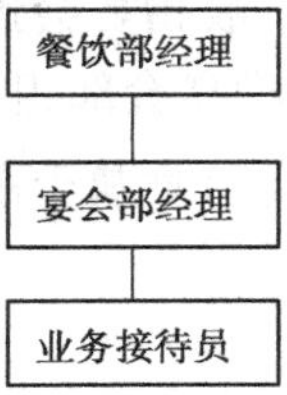

图2.1 小型宴会部组织结构

2)中型宴会部

中型宴会部一般下属一两个专门的宴会厅(多功能厅)。其管理层次和管理人员比小型宴会部略多,一般来说,其组织机构设有四个层次、两个部门,如图2.2所示。

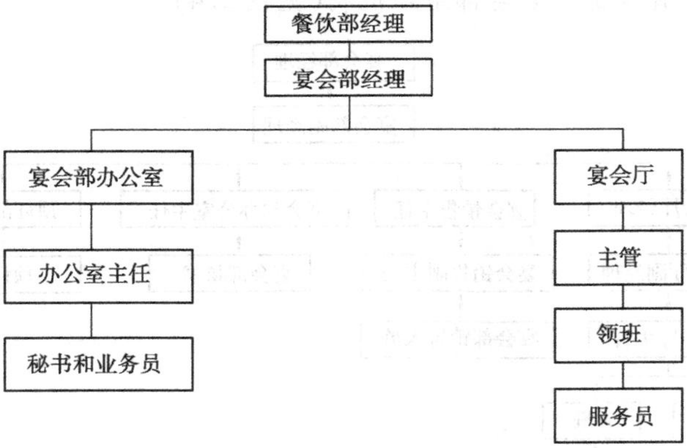

图2.2 中型宴会部组织结构

3)大型宴会部

大型宴会部一般拥有举办大型宴会的环境设施和实际能力,它常常独立于餐饮部而成为一个独立的部门,有时也隶属于餐饮部。但即使隶属于餐饮部,它也拥有自己相对独立的组织体系。大型宴会部多见于大型酒店或餐饮企业,其经营面积大、台位数多、营业额高,并且由若干中小宴会厅、多功能厅构成。除举办宴会外,还承办庆功会、招待会、研讨会、展销会、文艺晚会等业务。大型宴会部的机构体系通常包括四大层次(一般指宴会管理、策划、督导和实施)、三大部门(一般指宴会预订、宴会前台、宴会后台)和二十多个岗位。下面是两种常见的大型宴会部组织机构。

(1)隶属于餐饮部的宴会组织机构(见图2.3)

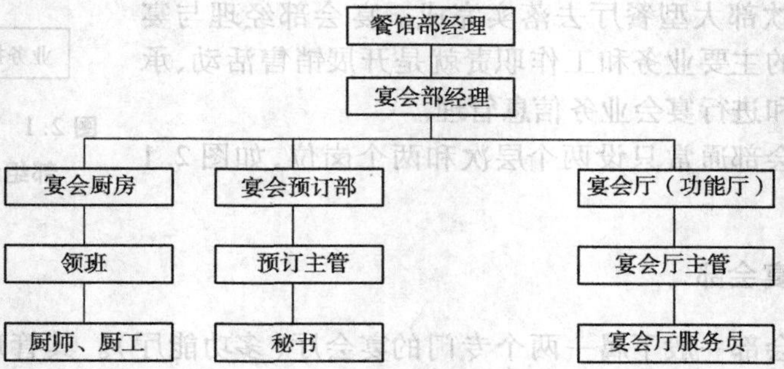

图2.3 隶属于餐饮部的宴会组织机构

(2)独立于餐饮部的宴会部组织机构(见图2.4)

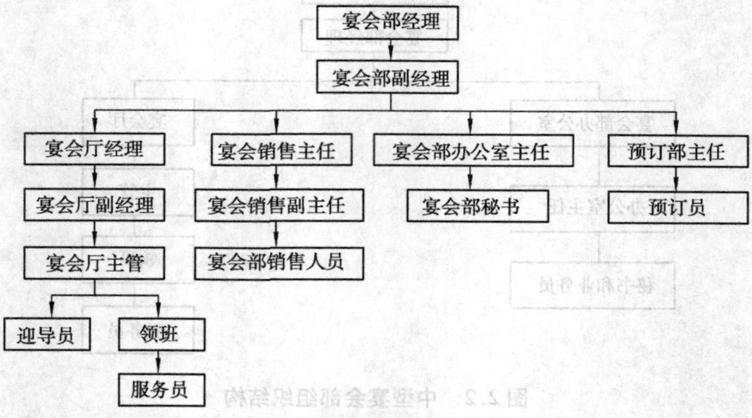

图2.4 独立于餐饮部的宴会部组织机构

2.1.3 宴会部日常组织管理工作

1)绘制组织结构图

组织结构图是根据管理权限与责任,以图解方式表示出各职务之间的关系,它可以使员工明确自己的工作岗位在部门中的位置以及自己的奋斗目标。

组织结构图要求既能标明宴会部的详细结构及各部门之间的横向和纵向关系,又能以可变换形式标出现在各工作岗位的工作人员姓名。

2)编写工作说明书

工作说明书是对工作范围、目的、任务与责任的广泛说明。编写工作说明书的主要目的如下。

①使员工明确各岗位工作职责及工作成绩的标准。

②阐明任务、责任与职权,以确定组织机构。

③帮助评定员工的工作成绩。

④帮助招聘和安排员工。

这里所说的工作说明书的内容应包括业务要求、职责范围和主要工作。这种工作说明书必须与组织结构图配合使用,才能使员工对各岗位的职衔、部门、管辖范围、向谁负责、横向联络等获得充分了解。

3)排班与分班工作

排班与分班是对组织机构进行合理控制的一项重要工作。科学排班和分派工作的目的就是要合理安排和使用员工。这里重点介绍使用员工的原则、方法和注意事项。

(1)合理安排员工的原则

合理安排员工,就是从宴会部实际需要出发,科学地组织和调配人员,使人员的投入与宴会部的效益形成一个良好的比例。基本程序是:制定科学合理的工作标准,经常预测营业额,并使员工事先知道工作变动。预测周期越长,准确性就越低,但对工作安排越有利。预测可以是年度或月度预测,也可以是每周或每天预测。

(2)工作分配

①分班法。就是在正常营业时间内安排员工上班工作。

②灵活排班。根据需要，把一些人安排在一天的中午、次日的早上或第三天的下午4点等不固定的时间内上班，但在工作安排时，要注意不要让员工超时工作，不能给他们带来太多的麻烦。

③雇用兼职人员或临时工。一般来说，宴会部的工作量在晚上最大。在这种情况下，如果拥有一支庞大的固定员工队伍，不仅会大大增加劳动成本，而且也容易造成员工的懒散现象，使企业经营趋于混乱。为了节约开支，便于管理，企业需要一支兼职人员和临时工队伍。事实证明，只要有一些固定员工起核心作用，并对兼职人员和临时工稍加训练，宴会部的经营活动是能够正常进行的，并且不会影响服务质量。

(3)编制人员安排表

人员安排表就是一种人员的预算。它说明员工人数应随宴会顾客人数的增加而相应增加，随宴会顾客人数的减少而相应减少。为此，宴会部必须根据自己的经营情况，根据所能提供的服务及设备条件，编制适合本企业的人员安排表，以适应企业经营活动的需要。

(4)影响人员编制的因素

①部门的具体情况，如宴会部的经营项目、营业高峰时间、人员结构的特点。

②当地的劳动法规。

③员工的工作情绪和工作时间。

④工作安排的公平合理程度。

⑤人员编排表的弹性以及实际业务情况的多变性。

2.2 宴会预订

受理预订是宴会组织活动中重要的一步工作环节。宴会预订工作做得好与坏，直接影响到菜单的编制、场地的安排、整个宴会活动的组织与实施。因此，宴会部或销售部应设预订专门机构和岗位，建立完善的制度，并积极掌握市场动态，从而推动宴会的销售。宴会预订，既是客人对餐饮企业的要求，也是餐饮企业对客人的承诺，两者通过预订，达成协议，形成合同，规范彼此行为，指导宴会生产和服务，这是宴会经营管理活动中不可缺少的一个重要环节。

2.2.1 宴会预订的基本方式

宴会预订方式，是指客人与宴会预订有关人员接洽联络、沟通宴会预订信息的过程。宴会预订对象有住店旅客、地区居民或企事业单位，还有过路散客、外地或海外预订客。宴会预订的方式多种多样，不同的宴会消费对象根据方便和需要考虑，会采取多种方式进行预订。

宴会预订方式概括起来有以下几种。

1）电话预订

电话预订，是宴会部与客人联络常用的一种方式。电话预订主要用于接受客人询问，向客人介绍宴会有关事宜，为客人检查地点和日期，核实细节，确定具体事宜。预订部门为了争取主动，应与对方约定会面时间当面交谈，以便落实宴会举办过程中的一些细节问题。电话预订比较适合一些经常客户和关系客户，对一些陌生客户的电话预订，预订员要特别注意。

2）面谈预订

面谈预订，是进行宴会预订较为有效的方法。宴会生意有75%是客人自己找上门来的，有25%是依靠业务人员进行促销活动主动争取的。不管哪种方式，关键是面谈。面谈也要通过电话来约定会面的时间和地点。销售员或预订员与客人当面洽谈讨论所有的细节安排，解决客人提出的特殊要求，讲明付款方式等。在进行面谈时，销售员或预订员要详细记录填写预订单和联络方法。备足够的资料供客人参考，让客人了解场地的情况。

3）信函预订

信函预订，是促销员和预订员与客人联络的另一种方式，主要用于促销活动，回复客人询问，寄送确认信。信函预订，适合于提前较长时间的预订。收到客人的询问信时，促销员和预订员应立即回复客人并询问客人在酒店或餐馆举办宴会、会议、酒会的一切事项，并附上酒店或餐馆场所、设施介绍和有关的建设性意见。事后还要与客人保持联络，争取客人在本酒店或餐馆举办宴会活动。此后，便可能通过信函或面谈的方式达成协议。

4）登门预订

登门预订，是酒店和餐馆销售部采用的重要的推销手段之一。宴会推销员登门拜访客人，同时提供宴会预订服务。这样，既宣传并推销了酒店或餐馆宴会，达到扩大知名度、促进销售的目的，又可以为客人提供方便。例如，某些客人去年在你的酒店或餐馆举行了生日宴会，今年你便可以提前打电话邀请他们前来举办生日宴会，并适当给予优惠。

5）传真预订

传真预订，是介于电话预订与信函预订之间的一种预订方法，它比信函预订速度要快，比电话预订更具体、更准确。对客人进行传真预订，酒店或餐馆应及时反馈意见，给客人一个肯定、明确的答复。

6）中介预订

中介人是指专业中介公司或本餐饮企业的员工。专业公司是经常承办大型活动的公关公司，可与酒店或餐馆宴会部签订常年合同代为预订，收取一定佣金。酒店或餐馆的员工代为预订，适用于酒店和餐馆比较熟悉的老客户，客人有时委托酒店或餐馆的工作人员代为预订。

7）指令预订

指令预订，是指政府部门或主管部门，在政务交往或业务往来中安排宴请活动而专门向直属酒店和餐馆宴会部发出预订的方式。政府指令性预订，常由文件下达计划，或由专职工作人员将书面预订计划亲自送给宴会预订员或宴会部经理。政府指令性预订往往具有一定的强制性，酒店和餐馆应无条件满足预订的要求。对于政府部门指令性宴会，酒店或餐馆应更多地考虑其社会效益。

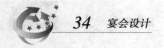

宴会预订的方法和形式是多种多样的，酒店或餐馆要搞好预订，不能守株待兔，必须采取请进来、走出去的灵活多样的方式，积极主动地加以推销，招揽更多的宴会生意。

2.2.2 宴会预订的主要内容与工作程序

1）主要内容与程序

（1）接受预订，问清客人的有关情况与要求

接受客人的电话预订、面谈预订时均要做好详细的笔录，问清以下情况。

①宴会的日期、时间与性质。

②宴请的对象与人数。

③每席的费用标准、菜式及主打菜肴。

④预订人的姓名、单位、联系电话和传真号码。

⑤餐厅、舞台装饰及其他特殊的要求。

(2)向顾客介绍酒店、餐厅的宴会设施、产品、服务及有关优惠政策

①宴会厅或多功能厅的名称、面积、设备配置状况及接待能力(同时可容纳多少人、多少桌);对来店预订的客人,宴会部业务经理应带他去宴会厅或多功能厅实地考察,以便能更多地了解客人详细的要求。

②可提供的菜式、产品(菜单)、招牌菜及其价格(提供多个方案详细的清单,并可依客人意见和建议进行菜单的柔性设计)。

③可提供的酒水、点心、娱乐康乐产品及其价格(提供多个方案的详细清单,并可依客人意见和建议进行菜单的柔性设计)。

④视交易情况可提供的请柬、彩车、司仪、蜜月套房(赠送鲜花、果篮)及拍照用蛋糕。

⑤视交易情况可提供的免费泊车、接送客人等其他增值服务。

⑥经办人的姓名、电话号码,单位的传真号码及接受缴纳定金的银行开户账号。

(3)双方协商宴会合同细节,共同敲定

①具体的菜单、客人所需要的酒水、点心及其他需另外收费的相关产品与服务。

②餐厅、酒店视交易情况可提供的各种优惠措施及无偿赠送的产品与服务。

③定金、付款方式及下一步的联络方式。

④其他重要的细节。

(4)制作详细的宴会预订合同书

宴会预订合同书是一种特殊的经济合同文书,其内容应包括客人预订的具体细节、经双方共同协商确定的有关条款及违约所应承担的责任与赔偿金额。宴会合同书首先由酒店宴会部销售人员拟订出初稿,后交由客户审核、确认;如有必要再作进一步的磋商和修订,直至双方达成共识、共同签字认定为止。

(5)制订宴会接待计划

宴会部主管业务员在客户缴纳了定金之后应立即着手制订宴会接待计划(event order,项目订单)。宴会接待计划应包括以下内容。

①项目名称,如“赵李联婚”“杨府满月”“谢师宴”“公司周年庆典”,等等。

②预订者的姓名、地址、所在公司名称、电话、传真号码。

③宴会日期、时间、地点。

④菜式、席数。

⑤定金数额、付款方式、酒店宴会销售代表。

⑥费用标准。

⑦宴会餐桌摆设及宴会厅内部装饰。

⑧中西厨房应准备的菜肴、点心(蛋糕)等物品。

⑨工程部应承担的任务(如检查灯泡,负责安装舞台灯光、音响等设备)。

⑩前厅部应承担的任务,如为预订金额较大的婚宴安排一个晚上的免费蜜月套房。

⑪车队应承担的任务,如婚礼轿车(连带装饰)、接送客人的免费穿梭巴士(时间、地点)的具体安排。

⑫宴会部应承担的任务,提供司仪及其他宴会所需的物品等。

⑬客房部应承担的任务,如安排休息室的卫生打扫和整理工作等。

⑭公关部应承担的任务,如宴会厅会场匾幅、人口及前厅告示牌的制作。

⑮酒吧应承担的任务,如准备宴会所需要的各种酒水、果盘。

⑯花店应承担的任务,如准备宴会所需要的鲜花、插花摆设。

⑰酒店、餐厅拟提供的其他特殊的优惠。

⑱本项目的最终审批人(通常为餐饮部总监)。

⑲文件报送、抄送的部门及有关负责人名单清单。

⑳附件:a. 宴会菜单(含各道菜的大、中、小分量);

b. 宴会厅餐桌的平面摆设布局(要附上设计图);

c. 赠送房间预订登记(附免收房费申请单);

d. 派车预订申请;

e. 宴会厅或多功能厅预订申请。

2)预订的注意事项

①宴会接待计划在提交餐饮部总监审批之后,应分别将有关文件及其副本分发(或以电子邮件的形式发送)到各有关部门,提请他们提前做好准备。

②提前一周再次向客户进行预订确认,提醒他若取消预订,酒店将不退还其预付的定金。也有部分酒店要求预订者提前三天,把宴会活动的费用付清,但要保证宴会活动的品质。

③将顾客预订确认的有关信息及时反馈给酒店、餐厅有关部门和领导，以便他们能及时采取一些有关的对策与措施。

2.3 宴会策划

宴会部在接受宴会预订、签订宴会合同之后，就应着手进行宴会的策划与组织工作。宴会策划的内容要求详细、明了，只有经过周密的策划之后，才能进行组织实施。宴会的组织从客人预订开始到餐桌布置结束，这是一个相当复杂的过程。

宴会的策划是对整个宴会活动的计划，就是在主办宴会前，根据有关信息资料和要求，编制出主题突出、科学合理、令主办单位或个人满意的宴会活动计划。广义的理解，是指宴会部在受理预订到宴会结束全过程中组织管理的内容和程序。狭义的理解，是指受理预订后，在计划组织环节中，根据宴会规格要求编制的一份宴会组织实施计划的书面资料。

2.3.1 宴会活动的过程及规格

宴会的全过程，可以分为准备、进行和结束三个阶段。这三个阶段又可细分为：受理预订—计划组织—执行准备—全面检查—宴前接待—开宴服务—结账送客—整理结束等几个环节。宴会部的各个程序和各个环节，都必须严格执行宴会活动计划，这样才能确保宴会的质量。

普通宴会的预订计划，由预订部或预订人员根据宴会部负责人的指示与要求，将计划传递给宴会部的有关人员或上一级的有关领导和部门。预订计划要及时、准确，如果延误了信息的传递或把计划内容中宴会日期、开宴时间、人数、桌数、费用标准、设备要求等写错或传递错误，就会影响计划下达，并带来极坏的社会影响。

根据宴会的类型，宴会的活动计划主要有普通宴会计划、紧急宴会计划和政府宴会计划三种。

(1)普通宴会计划

普通宴会是指提前一天以上时间安排的宴会预订。宴会部按宴会规格要求，按正常程序进行计划组织，作好各种准备。

(2)紧急宴会计划

例如，宴会部在上午10:30接到某企业团体预订普通宴会的任务，要求在

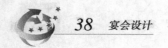

11:45 准时开宴,在 13:00 前结束。仅有不到 1 小时的准备时间,宴会部负责人就应在下达计划时深入厨房和餐厅,帮助解决具体困难,做到准时开宴。

(3)政府宴会计划

政府有关部门的宴会,一般都是提前预订,通常给宴会部有充裕的时间准备,但因规模场面大,规格要求高,涉及酒店或餐馆各个部门,因此,常由酒店或餐馆总经理来指挥,编制宴会活动的总计划,编制各部门的具体计划,汇成一套细致、周密、完整、明确的计划。

2.3.2 宴会活动的计划内容

宴会活动的计划内容,可以根据宴会类型、特点来安排。一般包括以下几项内容。

①宴会厅的台形布置;主桌台的坐席排列和鲜花布置、工艺装饰;讲台、话筒的位置和鲜花布置;宴会大厅绿化和鲜花等装饰布置。

②管理人员、服务人员岗位位置定点。

③贵宾随行人员坐席安排;中央和地方的陪同人员坐席安排;在宴会厅外就餐的随行人员、陪同人员和司机坐席安排;宴会服务人员安排。

④宴会菜单和酒单的设计,上菜、撤盘的线路。

⑤播放音乐的要求;乐队人员的位置安排;文艺演出、时装表演的场地范围;灯光、音响的要求等内容。

除了上述宴会活动计划内容外,宴会部还应编制一个宴会时间控制表。从客人进入宴会厅到整个宴会结束,将其间的各项活动纳入控制表中,并落实到每位服务人员。使整个宴会有计划、有步骤、有条理地进行。

2.3.3 宴会活动策划步骤

(1)了解宴会活动信息

在具体策划宴会活动之前,首先要了解以下信息。

①了解赴宴客人人数;了解宴会具体规格。

②了解宾客风俗习惯、生活忌讳、特殊需要;如果是外宾,还应了解国籍、宗教、信仰、禁忌和口味特点等。

③对于规格较高的宴会,还应掌握下列事项:宴会的目的和性质;宴会的主题名称;宾客的年龄和性别;是否有席次表、座位卡、席位卡;是否有音乐或文艺表演;是否有安排司机用餐;主办者的指示、要求、想法。

(2)下达宴会活动计划

良好的宴会活动计划,只有通过畅通合理的计划传递渠道来下达,才能使宴会活动按计划进行。

大型宴会活动有赖于营业部、工程部和保卫部等部门的密切配合,这些部门的负责人应该依据总计划要求,制订本部门计划。宴会部将配套服务项目计划上报,经同意后下达。各部门负责将各自计划在宴会准备会上提出,由大家共同讨论,最后落实。

思考与练习

1. 简述宴会业务部门组织机构设置的原则。
2. 结合实际,描述当地某餐饮企业中宴会部经理和预订部主任的工作职责。
3. 宴会预订和策划时应注意什么?

小知识链接

宴会设计人员应具备的知识

1. 餐饮服务知识。宴会是餐饮服务的最高表现形式,作为宴会设计师,同时必须又是一名合格的餐饮服务员。事实上,酒店行业的宴会设计师大多都是从服务员成长起来的,他们有着丰富的餐饮服务经验,通晓餐饮服务业务。有了一线服务人员的体验,掌握了餐饮服务的基本知识后,做起宴会设计来,就能掌握规律,切合实际,便于服务人员操作。

2. 饮食烹饪知识。一套筵席菜单,一般来说各类菜品不下二十种,而这二十多道菜品又是从成百上千道菜品中精心选配而成,因此,宴会设计师要掌握大量的菜肴知识,其中包括每道菜的用料、烹调方法、味形特点等,并要熟知不同菜点的组合、搭配的效果。

3. 成本核算知识。宴会是一种特殊的商品,它的特殊之处除了具有有形成分和无形成分之外,还在于一般商品是先有实物后有售价,因物定价。而宴会恰恰相反,它是先有定价,然后根据价格提供商品。如顾客到酒店订购"宴会",必须先谈定宴会价格标准(当然也包括宴会质量要求),酒店然后根据价格标准组织生产出相适应的产品。因此,这就要求宴会设计师掌握一定的成本核算知识。

4. 营养卫生知识。作为宴会设计师,必须了解各种食物原料的营养成分状况、烹调对营养素的影响、各营养素的生理作用,以及宴会菜肴各营养素的合理搭配和科学组合等。

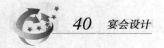

5. 美学知识。中式传统宴会，无论大小，无论何种规格、形式，都自始至终充满着美学的内容，遵循着美学的规律，而且常常是中国各种美学门类——建筑美学、绘画美学、音乐美学、文学美学、工艺美学、技术美学、伦理美学的综合体现。宴会设计中着重考虑的时间与节奏、空间与布局、礼仪与风度、食品与器具等内容，无不需要美学原理作指导。每一场宴会设计，实际上都是一次生活美的创造。

6. 文学知识。一个好的菜名，犹如一则高明的广告，食者未尝其味而先闻其声，可以起到先声夺人的效果。给菜肴命名需要有一定的文学修养，一盘平常的"生煎豆腐镶菠菜"被命名为"红嘴绿鹦哥，金镶白玉板"，听起来就令人食欲大增；一钵"蛋泡鱼丸汤"取名为"雪山探宝"，那"探"字只有当你拿着汤勺穿过"雪山"（蛋泡糊）去寻觅下面的鱼丸时，才能够真正体会到它的意蕴。

7. 民俗学知识。俗话说："十里不同风，百里不同俗。"宴会设计师在进行宴会设计时，既要充分展示本地的民风民俗，同时也要照顾与宴者的生活习俗和禁忌，切不可犯冲。可见，民俗学知识对于宴会设计师来讲是何等重要。

8. 历史学知识。近几年，不少地方在大力挖掘和整理具有浓郁地方历史文化特色的仿古宴，如：西安"仿唐宴"、开封"仿宋宴"、湖北"仿楚宴"、北京"仿膳宴"、南京"随园宴"、济南"孔府宴"等。研制、设计仿古宴，需要宴会设计师具有较丰富的历史知识。譬如：研制"仿唐宴"，必须对唐代历史，尤其对唐代的社会生活史有一个全面的了解，必须阅读大量唐代的历史文献资料，并结合出土文物和民间风俗传承，才能设计出一套风格古朴、品位高雅的宴席来。

9. 管理学知识。宴会方案的设计与实施都存在着一个管理问题，它包括人员管理（人员合理安排、定岗、定责等）、物资管理（宴会物资的采购、领用、消耗等）、现场指挥管理等。宴会设计师必须了解管理学的一般原理，餐饮运行的一般规律，以及宴会的服务规程。否则，脱离餐饮管理实际设计的方案，是很难获得成功的。

宴会业务员工的基本要求

由于宴会部是餐饮企业的一部分，所以宴会部的工作人员首先应达到以下几个基本要求。

1. 身体健康，无传染病。

2. 五官端正，气质端正。

3. 良好的仪容与仪表。

4. 具备一定的专业技能和专业知识。

5. 具有良好的职业道德。

第3章 宴会台面设计

【学习目标】

通过本章的学习，要求学生了解宴会摆台的特点，理解宴会台面设计要求，熟练掌握宴会台面设计的方法。

【知识目标】

了解和熟悉宴会台面设计的内容，掌握宴席台面的设计思路与注意事项。

【能力目标】

通过系统的理论知识学习，能针对不同的宴会进行台面的设计。

【关键概念】

宴会台面　台面设计　宴会主题　花台设计　插花技术　台形设计

问题导入：

宴会台面设计技术是餐厅服务员高素质的体现，是宴会设计的重要内容。摆设一席好的台面，能为客人就餐增添舒适高雅的气氛，给客人带来赏心悦目的感觉，给宴会增添喜庆隆重的气氛。餐台上安插一些花卉作点缀，会显得生机勃勃、优雅别致。好的台面设计既能体现餐厅的接待档次，也能衬托宴饮的气氛、增加宴会主题的艺术内涵。西餐宴会台面一般布置成简洁、素雅、协调为多，崇尚自然、张扬个性化的也不少，台面使用的花卉和布置的图案因进餐者的对象不同而有所区别。

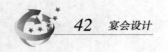

3.1 宴会台面的种类和设计要求

3.1.1 宴会台面的种类及命名方法

宴会台面的种类很多,通常按餐饮风格划分为中餐宴会台面、西餐宴会台面和中西混合宴会台面。也可按宾客的人数和就餐的规格划分为便宴台面和正式宴会台面;按台面的用途又可以划分为餐台、看台和花台。

1)按餐饮风格分

按餐饮风格划分为中餐宴会台面、西餐宴会台面和中西混合宴会台面。

(1)中餐宴会台面

中餐宴会台面以圆桌台面为主,中餐宴会台面的小件餐具一般包括筷子、汤匙、骨碟、搁碟、味碟、口汤碟和各种酒杯。中餐宴会台面善于运用中国传统吉祥图饰,意寓深刻,如鸳鸯、喜鹊、孔雀、折扇、宝塔、腾龙等,一般摆 10 个台位,蕴藏着"十全十美"之意。

(2)西餐宴会台面

西餐常见的酒席宴会台面有直长台面、横长台面、"T"形台面、"工"字形台面、腰圆形台面和"M"形台面等。西餐台面的小件餐具一般包括各种餐刀、餐叉、餐勺、菜盘、面包盘和各种酒杯。

(3)中西混合宴会台面

中西混合宴会台面可用中餐宴会的圆台和西餐的各种台面,其小件餐具一般由中餐用的筷子,西餐用的餐刀、餐叉、餐勺和其他小件餐具组成。进餐的方式以分餐形式为主,台面装饰造形采取中西合璧的形式。

2)按台面用途分

按台面的用途划分为餐台、看台和花台。

(1)餐台

餐台也叫素台,在饮食服务行业中称为正摆式。此种宴会台面的餐具摆放都应按照就餐人数的多少、菜单的编排和宴会标准来配用。例如,7 件头、9 件头、12 件头等，餐台上的各种餐具、用具，间隔距离要适当，清洁实用，美观大方，放在每位宾客的就餐席位前。各种装饰物品都必须整齐一致地摆放，而且要尽量相对集中。这种餐台多用于中档宴席，也可用于高档宴会的餐具摆设。

(2)看台

又称观赏台，看台是指根据宴席的性质、内容，用各种小件餐具、小件物品和装饰物品摆设成各种图案，供宾客在就餐前观赏的台面。在开宴上菜时，撤掉桌上的各种装饰物品，再把小件餐具分给各位宾客，让宾客在进餐时使用。这种台面多用于民间宴席和风味宴席。

(3)花台

又称餐桌艺术台面，顾名思义就是用鲜花、绢花、盆景、花篮，以及各种工艺美术品和雕刻物品等点缀构成各种新颖、别致、得体的台面。这种台面设计要符合宴席的内容，突出宴会主题。图案的造型要结合宴席的特点，要具有一定的代表性或者政治性，色彩要鲜艳醒目，造型要新颖、独特。花台设计融艺术性和实用性于一体，多用于中、高档宴会。

3)台面命名的方法

大多成型或成功的台面，都拥有一个别致而典雅的名字，这便是台面的命名。只有给宴会台面恰当的命名，才能突出宴会的主题、增加宴会气氛，宴会台面命名的方法主要有以下几种。

(1)根据台面的形状或构造命名

这是最基本的台面命名方法，在行业内部常用。此法命名比较简单，其具体命名有如中餐的圆桌台面、方桌台面、转台台面、西餐中的直长台、“T”型台、“M”形台、“工”形台等。

(2)根据每位客人面前所摆的小件餐具的件数命名

这种命名方法使人一听便知台面餐具的构成，对于酒店内部员工来说便于他们了解宴会的档次和规格。其具体命名如五件餐具台面、七件餐具台面等。

(3)根据台面造型及其寓意命名

这种命名方法容易体现宴会主题，其具体命名有，如百鸟朝凤席、蝴蝶闹花席、庆功宴、花好月圆宴等。用这种方法命名，寓意要恰当得体，切忌牵强附会、生搬硬套。

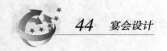

(4)根据宴会的头菜名称命名

这种命名方法使宴会工作人员一听便知应该摆放何种餐具和宴会档次,其具体命名有如全羊席、全鸭席、鱼翅席、海参席、燕窝席等。

3.1.2 宴会台面设计的原则和基本要求

1)宴会台面设计的原则

要设计成功的宴会台面,须遵守下列原则。

(1)实用、便捷性原则

宴会台面设计讲究实用、便捷原则,不可太繁琐,尽量做到方便、快捷、实用。因而在设计时要考虑餐桌间距、餐位大小、餐具摆放等,尤其是对儿童和残疾顾客的人性化设计。其中餐具的摆放应以符合进餐要求为前提,其位置不但要对准座椅中心位,而且其间距要均匀合理。

(2)美观性原则

宴会台面要给客人带来美的享受和轻松意境,因而设计时要充分体现美学特征,具体表现在:台面图案、餐桌、椅子与台面的色彩相协调;台面的大小与进餐人数相适应;精美菜单陈列恰到好处;强化或局部照明,炬光照明适度;装饰与餐饮风格一致;员工着装体现出经营特色;各种辅助性标志要明显得当。总之,美观性的追求永无止境,若是与传统文化、时代特征、主题意义有机融合,那么宴会台面不但外观美,内涵也丰富深厚。

(3)礼仪性原则

充分考虑进餐者的声望、地位、国别、民族等特点,体现出符合礼仪规范的文明风尚,如主人、主宾应面向入口,处于突出或中心位置,能环视宴饮场景;还有插花、餐巾折花、餐椅与台布的颜色、供应的酒水及服务先后次序都应符合客人的习俗。

2)宴会台面设计的基本要求

想成功地设计和摆设一张完美的宴会台面,必须预先作好充分的准备工作,既要进行周密、细致、精心、合理的构想,又要大胆借鉴和创新,无论怎样构想与创新,都必须遵循宴会台面设计的一般规律和要求。

(1)根据宴会菜单和酒水特点进行设计

宴会台面设计要根据宴会菜单中的菜肴特点来确定小件餐具的品种、件数，即吃什么菜配什么餐具，喝什么酒配什么酒杯。不同档次的酒席还要配上不同品种、不同质量、不同件数的餐具。同时，根据台面的品种摆放相应的筷子、汤匙、吃碟、酒杯，如较高级的宴席除摆放基本的筷子、汤匙、吃碟、酒杯外，还要根据需要摆卫生盘和各种酒杯。

(2)根据顾客的用餐需要进行设计

餐具和其他物件的摆放位置，既要方便宾客用餐，又要便于席间服务，因此，要求每位客人的餐具摆放紧凑、整齐和规范化。

(3)根据民族风格和饮食习惯进行设计

选用小件餐具，要符合各民族的用餐习惯，例如中餐和西餐所用的桌面和餐具都不一样，必须区别对待，中餐台面要放置筷子；西餐台面则要摆放餐刀、餐叉。安排餐台和席位要根据各国、各民族的传统习惯确定；设置座位花卉不能违反民族风俗和宗教信仰的禁忌。例如，日本人忌讳荷花，因而日本人用餐的台面就不能摆放荷花及有关的造型。

(4)根据宴会主题进行设计

台面的造型要根据宴会的性质恰当安排，使台面的图案所表达的意思和宴会的主题相称。例如，婚庆宴席就应摆“喜”字席、百鸟朝凤、蝴蝶戏花等台面；如果是接待外宾就应摆设迎宾席、友谊席、和平席等。

(5)根据美观实用的要求进行设计

使用各种小件餐具进行造型设计时，既要设法使图案逼真美观，又要不使餐具过于散乱，宾客经常使用的餐具，原则上要摆在宾客的席位上以便于席间取用。

(6)根据清洁卫生的要求进行设计

摆台所用的台布、口布、小件餐具、调味瓶、牙签筒和其他各类装饰物品都要保持清洁卫生，特别是摆设小件餐具，如折叠餐巾，更要注意操作卫生，手和操作工具要洗干净，防止污染。折叠餐巾花时禁止用嘴咬餐巾。摆设筷勺，禁止拿筷子尖和汤勺舀汤的部位。摆碗、盘、杯时，禁止拿与口直接接触的部位和接触用具的内壁。

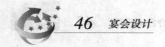

(7)按时间、空间的要求进行设计

根据宴会活动所选的季节来设计，意义重大，我国一般是按春桃、夏荷、秋菊、冬梅的季节主旋律定基调，如此循环，动中有静，静时轮动，使人不感厌倦。空间也是如此，不能平淡如水，要跌宕起伏，错落有致，把宴会台面设计推向高潮。

3.2 宴会花台设计

花台是餐台中一个很特殊的类型，花台是用鲜花堆砌而成的具有一定艺术造型的供人观赏的台画。花台虽然不具备食台的实用性，但在高档宴会中却有着必不可少、举足轻重的作用。首先，花台体现了宴会的档次，只有高档的宴会才设花台，普通宴会往往不设花台。其次，花台体现了宴会的主题，主办者举行一次宴会往往有其特定的目的，这就是宴会的主题。可利用花台来体现宴会主题，如在欢迎或答谢宴会上用友谊花篮的图案来体现和平、友好、友谊；在婚宴上可用艳丽的红玫瑰拼成的红喜字或戏水图案来体现爱情、喜庆。另外，花台还可增加宴会的气氛，如前面介绍的喜庆婚宴花台，火红的玫瑰亮丽夺目，无疑使宴会的气氛达到高潮。

一个成功的花台设计，就像一件艺术品，它通过巧妙的排列从而构成的以花卉的自然美和人工的修饰美相结合的艺术造型，令人赏心悦目，给参加宴会的宾客创造出了隆重、热烈、和谐、欢快的氛围，因此花台制作已成为高档宴会中一种不可缺少的环境布置。下面就简单介绍一下花台制作的基本程序与方法。

3.2.1 确定主题

这是花台制作的第一步，制作一个好的花台需要事先进行构思，确定出明确的主题，根据主题创作出不同类型、不同风格、不同意境的花台。可以说，有了好的主题，花台制作就成功了一半。确定主题时应注意以下几点。

1)不能脱离宴会的主题

宴会的主题是花台制作的依据，因此，在没有动手制作花台的构思中，一定要先考虑宴会的主题是什么，不能随心所欲、现场发挥。比如，祝寿宴，花台制作就必须反映寿比南山的主题；如果是新婚宴，花台制作就适宜突出花好月圆的主题。

2)要有新意

在突出主题的前提下,花台的制作也应该注意创新,不能袭用传统的或别人的立意。所谓设计,就应该有新意,打破旧框框,不被以往的模式所左右。让参加宴会的宾客见到的是以往没有见过的花台,才能使人感到新奇,富有吸引力,从而达到一定的效果。

3)要符合宴会的具体要求

花台制作者在构思花台的主题时,要根据宴会厅的环境、餐桌的大小、形状进行创作。比如,餐桌是长台,花台的形状不能摆成圆的。花台的大小也必须适合餐桌的大小,如果花台过大,无法在餐桌上摆放;如果花台过小,又起不到渲染宴会气氛的效果。也要根据宾客的具体情况灵活处理。如遇宾主身材都不太高,为了方便宾主进行交谈,可以考虑将一般情况下摆在宾主前的主花台,一分为二,并用"鹤望兰"做主花,将两组下花台设计成孔雀状,同时在中间空档处用低矮的花器插出不超过十公分高的花束,创造出一种春回大地、百鸟争春的意境。

3.2.2 选择花材

选择花材是花台制作的前提。可用于花台制作的花卉材料很多,无论是植物的哪一部分,只要具有鲜明的色彩、优美的形态,给人以美感的,都可以用于花台的制作。但是如果选用不恰当,哪怕花材本身很艳丽,也可能起不到制作者想要达到的效果。因此,只有选择合适的花材,才能给花台的制作创造条件。正确地选择合适的花材必须注意以下几点。

1)要注意各民族的不同习惯

制作者在花台的制作中,一要尊重不同国家、不同民族的风俗,选用最适合、最能表达主人心愿的花材,避免使用宾客忌讳的花材。比如,日本人一般不喜欢荷花,而荷花在中国则表现了"出淤泥而不染"的君子风范;宴请法国客人时,花台制作绝不能使用黄菊花,因为他们认为此花是不吉利的;而在宴请日本皇室成员时,点缀几朵黄菊花,客人一定会非常高兴,因为黄菊花是日本皇室的专有贡花。

2)要注意花材色彩的调配

由于不同色彩会引起不同的心理反映,因此,在花台制作中要根据宴会的主题,灵活掌握花卉之间的关系。比如,为了突出宴会热烈欢快的气氛,可用红色作主色,辅以其他色彩的鲜花(但不能太多,一般四五件即可)。这种情况要求配合在一起的色彩必须互为补充,协调如一;但也可以根据实际情况用单种颜色作出别具一格的花台。

在注重色彩的配置时,不可忽视青枝绿叶在花台制作中的衬托作用。因为绿色最富有生机,能给人带来春天生命的气息。

3)要注意花材的质量

由于鲜花是具有生命的,当其离开母枝后,生理功能受到了破坏,水分和养料的吸收已无法与前期相比,再加上种植期间天气、虫害等影响,其质地也就不可能完全适合制作花台时使用。因此挑选花材时在考虑客人喜好和色彩配置的前提下,一定要尽量选用色彩艳丽、花朵饱满、花枝粗直、长短适中的花材,避免使用垂头萎蔫、脱水干枯、虫咬烂边、残缺病斑等现象的花材。

3.2.3 正确运用插花技术

正确运用插花技术是花台制作的关键,制作者只有正确、熟练地掌握插花技法,才能完成自己精心构思的花台。正确运用插花技法要做好以下工作。

1)遵守花台造型的规律

花台的造型要有整体性、协调性,这是花台制作中最基本的要求。尽管主花在花台中占主导地位,配花、枝叶居辅助地位,但主花却少不了配花,要做到有主有配,才能使花台成为有机的整体。插配中任何花卉都是整体的一部分,每一部分都相互辉映,少了任何一部分都会损坏花台的整体美。

2)按制作步骤展开

制作时,应先插主花,用主花将花台的骨架搭起来;然后再插配花,使花台初显生动丰满的造型,最后再对枝叶进行必要的点缀,使整个花台充满活力,富有韵味。制作完毕的花台最后还要检查一遍,看看有否不足之处,并将桌面收拾洁净。

3)利用各种辅助手法

尽管强调要选择合适的花材,但在实际工作中,花台制作人员常常会遇到一些有缺陷的花材。比如,枝干过短、过软,花朵未开和太小等情况,这就要求制作者借助一些辅助手法来弥补花材的不足。比如,枝干较短时,可将废弃的枝杆用金属丝绑在较短花枝的下放,增加其长度;花朵未开或太小时,可向枝朵吹气或用手帮助其打开(使用于玫瑰、石竹等);花枝较细软时,可用其他粗枝固定在细枝上,增强其支撑力。

总之,花台设计使插花艺术和摆设艺术上升到一个更高的境地,设计者应充分发挥自己的想象力,设计出合时、合宜、合适的花台造型。

3.3 宴会台形设计

宴会台形设计就是将宴会所用的餐桌按一定要求排列组成的各种格局。宴会台形设计的总体要求是:突出主台,主台应置于显著位置;成一定的几何图形,餐台的排列应整齐有序;间隔适当,既方便来宾就餐,又便于席间服务;留出主行道,便于主要宾客入座。宴会类型不同,台形设计也有一定的区别,下面简单介绍各种宴会的台形设计。

3.3.1 中式宴会台形设计

无论是多功能厅,还是小型的专门宴会厅;无论是一个单位举办宴会,还是多个单位在同一厅内举办宴会,都必须进行合理的台形设计。

1)多个单位举办宴会的台形设计

预订酒席的餐台安排一般要自成一个单位,如在一个餐厅同时有两家或两家以上单位或个人所订酒席,就应以屏风将其隔开,以避相互干扰和出现服务差错。其餐台排列可视餐厅的具体情况而定。一般排列方法是:两桌可横或竖平行排列;四桌可排列成菱形或四方形;桌数多的,排列成方格形。

2)独家举办宴会的台形设计

中餐宴会一般要在专厅举行。其餐台的安排要特别注意突出主台,主台安排在面对正门的餐厅上方,面向众席,背向厅壁纵观全厅。根据桌数不同可参考以下台形设计。

①三桌可排成“品”字形或竖一字排,餐厅上方的一桌为主台。

②四桌可排成菱形,餐厅上方的一桌为主台,见图3.1。

③五桌的可以排列成“立”字形,上方一桌为主台,见图3.2。

④六桌可以排列成“金”字形或梅花形,顶尖一桌为主台,见图3.3。

⑤大型宴会席桌的排列,其主台可参照“王”字形排列,其他席桌则根据宴会喜厅的具体情况排列成方格形即可,见图3.4。

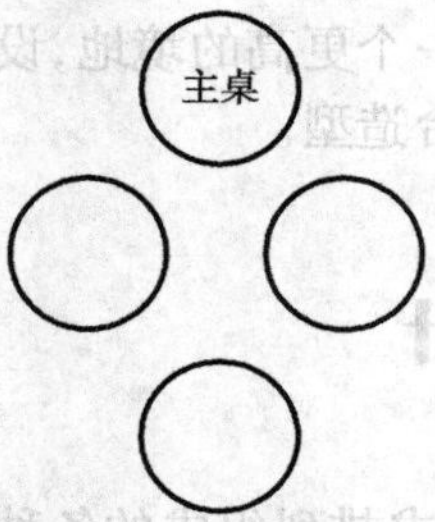

图3.1 四桌排列呈菱形

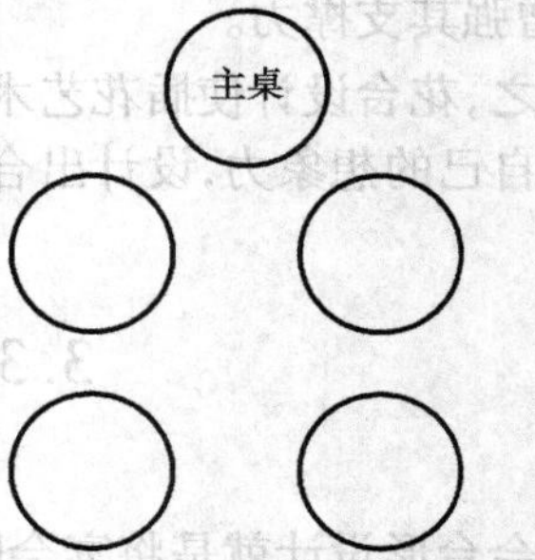

图3.2 五桌排列呈“立”字形

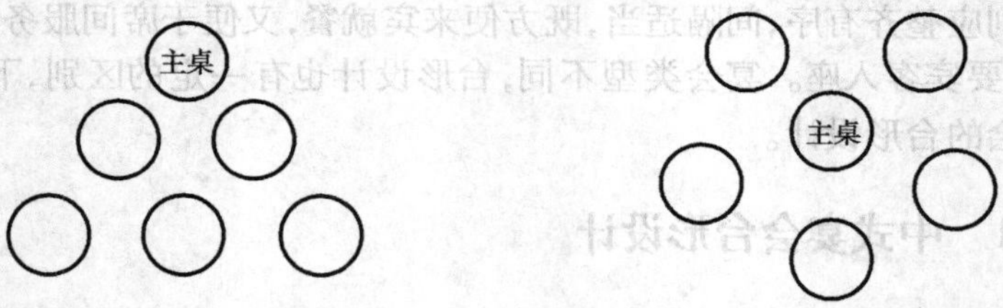

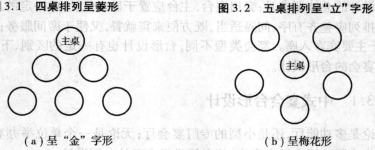

(a)呈“金”字形　　(b)呈梅花形

图3.3 六桌排列图

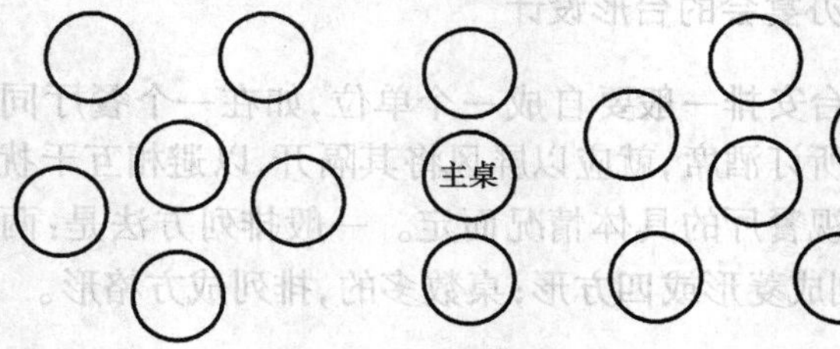

图3.4 多桌排列呈“王”字形

此外,也可将主台摆在中间,将其他席桌围绕主台排列造型,例如,“梅花席”“三梅吐艳”就是一种运用餐台造型的排列方法。

当然,多家单位在同一大的多功能厅中举办宴会也可以采用以上台形。

3)中餐宴会台形布置注意事项

①中餐宴会大多数用圆台。餐桌的排列,十分强调主桌位置。主桌应在面向餐厅主门,能够纵观全厅的位置。将主宾入席和退席要经过的通道辟为主行道,主行道应比其他行道宽敞突出些。其他餐台座椅的摆法、背向要以主桌为准。

②中餐宴会不仅强调突出主桌的位置,还十分注意对主桌进行装饰,主桌的台布、餐椅、餐具、花草等,也应与其他餐桌有所区别。

③要有针对性地选择台面。一般直径为150 cm,每桌可坐8人左右;直径为180 cm的圆桌,每桌可坐10人左右;直径为200~220 cm的圆桌,可坐12~14人;如主桌人数较多,可安放特大圆台,每桌坐20人左右。直径超过180 cm的圆台,应安放转台。不宜放转台的特大圆台,可在桌中间铺设鲜花。

④摆餐椅时要留出服务员分菜位,其他餐位距离相等。若设服务台分菜的,应在第一主宾右边、第一与第二客人之间留出上菜位。

⑤重要宴席或高级宴席要设分菜服务台。一切分菜服务都在服务台上进行,然后分送给客人。

⑥大型宴会除了主桌外,所有桌子都应编号。号码架放在桌上,使客人从餐厅的入口处就可以看到。客人亦可从座位图知道自己桌子的号码和位置。座位图应在宴会前画好,宴会的组织者按照宴会图来检查宴会的安排情况和划分服务员的工作区域。而宴会的主人可以根据座位图来安排客人的座位。但任何座位计划都应为可能出现的额外客人留出座位。一般情况下应预留10%的座位,不过,事先最好与主人协商一下。

⑦餐形排列根据餐厅的形状和大小及赴宴人数的多少来安排,桌与桌之间的距离以方便穿行来上菜、斟酒、换盘为宜。一般桌与桌之间的距离不近于2 m。在整个宴会餐桌的布局上,要求整齐划一,要做到:桌布一条线,桌腿一条线,花瓶一条线,主桌主位能互相照应。

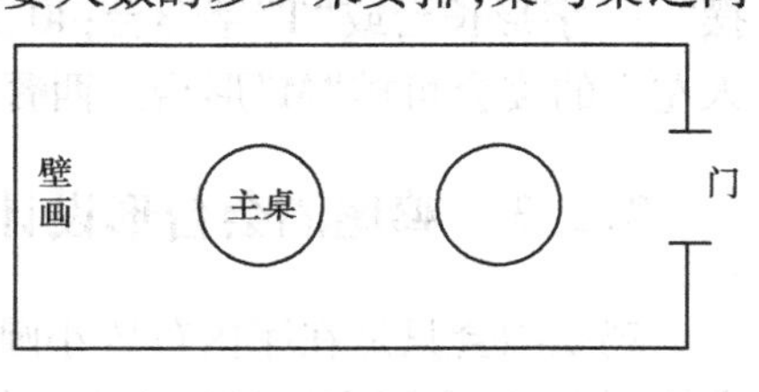

图3.5

如举办者只举办两桌宴会,此时台形设计应将主桌放在里面,尽量靠近花台或壁画,见图3.5。

如是3桌、5桌或10桌宴会,除突出主桌以外,主桌一定要对着通道大门,见图3.6。

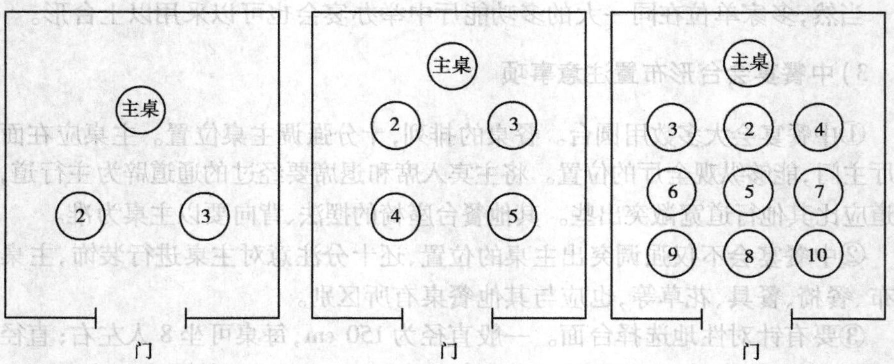

图 3.6

⑧多台宴会设计时要根据宴会厅的大小,即方厅、长厅等或根据主人的要求进行设计,设计要新颖、美观大方。并应强调会场气氛,做到灯光明亮,通常要设主宾讲话台,麦克风要事先安装好并调试好。绿化装饰布置要求做到美观、高雅。此外,吧台、礼品台、贵宾休息台等视宴会厅的情况灵活安排。要方便客人和服务员为客人服务,整个宴会布置要协调美观。

多台中餐宴会的台形设计,可参照图 3.7。

3.3.2 西式宴会台形设计

西式一般宴会台形的设计方式主要有。

西餐一般使用小方台,西餐酒席宴会的餐台是用小方台拼接而成,餐台的台形和大小可根据就餐人数、餐厅地形和顾客要求安排。20 人左右的酒席一般可摆"一"字形长台或"T"字形台;40 人左右的酒席可安排"I"形台或"N"形台;60 人左右的宴会可排"M"形台。西餐台形格式如图 3.8。

3.3.3 鸡尾酒会台形设计

鸡尾酒会只是在厅内布置小圆桌,不设菜台,也不设座位,为方便女宾和年老体弱者,可在厅室周围摆放少量的椅子。在厅室的左右两侧摆上酒台,供服务人员送酒和备餐之用。

3.3.4 冷餐会台形设计

冷餐会的餐桌应保证有足够的空间以便布置菜肴。按照人们正常的步幅,

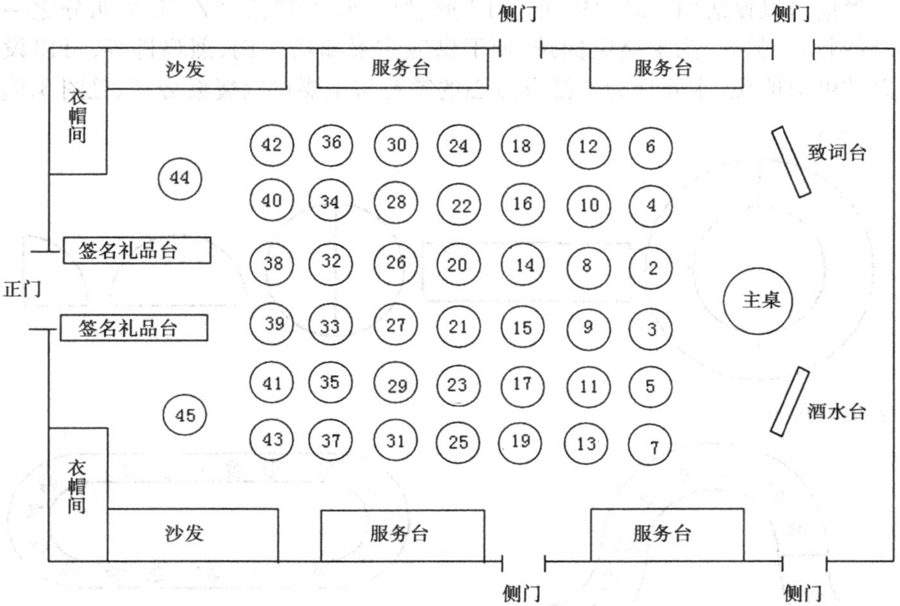

图3.7 多台中餐宴会台形设计

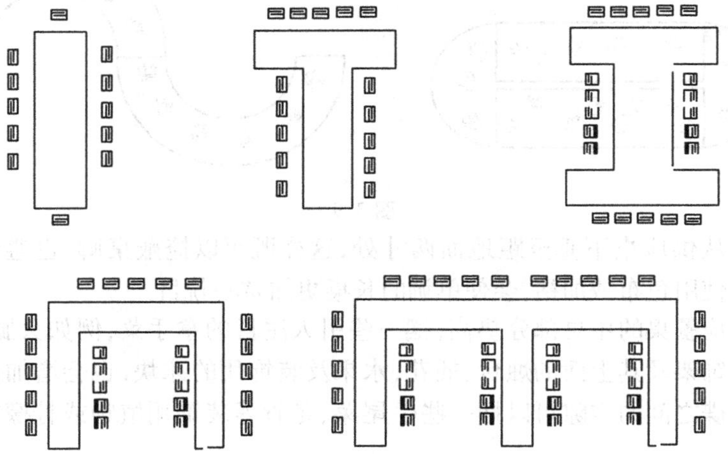

图3.8

每走一步就能挑选一种菜肴的情况，应考虑所供应菜肴的种类与规定时间内服务客人人数间的比例问题，否则进度缓慢会造成客人排队或坐在自己座位上等候。

餐桌可以摆成“U”形、“V”形、“L”形、“C”形、“S”形、“Z”形及四分之一圆形、椭圆形。另外,为了避免拥挤,便于供应主菜如烤牛肉、煎鸡排等,可以设置独立的供应摊位,主要是为了摆设点心的餐台与主要供应餐桌分开,见图 3.9。

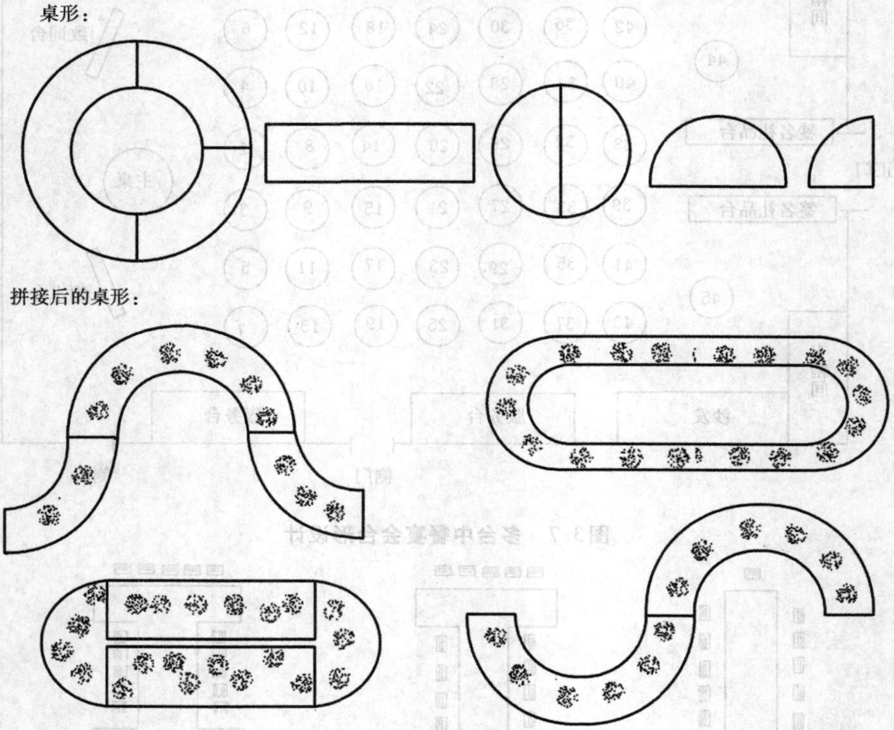

图 3.9

桌布从供应桌下垂至距地面两寸处,这样既可以掩蔽桌脚,也避免客人踩踏。如果使用色布或加褶,会使单调的长桌更加赏心悦目。

将供应餐桌的中央部分垫高,摆一些引人注目的拿手菜,例如火腿、火鸡及烤肉等。饰架及其上面的烛台、插花、水果及装饰用的冰块,也会增加高雅的气氛。各类碟之间的空隙可以摆一些牛尾菜、冬青等装饰用植物或柠檬枝叶及果实花木等。

3.3.5 冷餐酒会台形设计

冷餐酒会分设座和不设座两种形式,因此它的台形设计形式也各不相同。

1)不设座冷餐酒会

不设座冷餐酒会的布置,应根据出席的人数、菜点的多少,把长桌置于厅室中间;也可以在厅室四周,摆设若干组菜台,供摆菜点、餐具。通常 15 ~ 25 人设一组菜,在菜点的四周或侧面布置小圆桌或小方桌,周围设若干组酒水台,厅室的四周摆上少量的椅子,供女宾和年老体弱者使用。不设座冷餐酒会通常也不设主宾席,如需要设主宾席,可在厅室的上方摆上沙发或扶手椅,每三个沙发或扶手椅前摆放一个大茶几,供摆茶点和用餐。也可摆大圆桌或长条桌作为宾主席,见图 3.10。

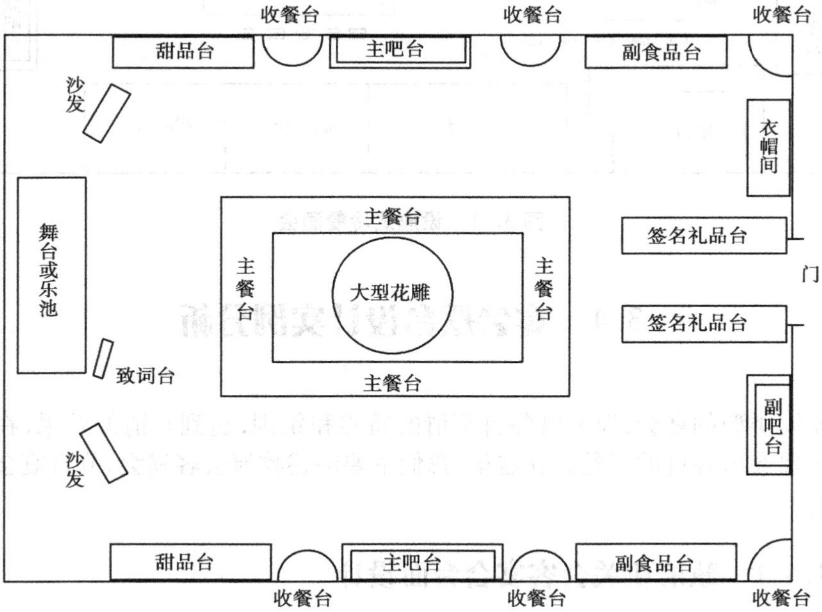

图 3.10 不设座式冷餐酒会

2)设座冷餐酒会

设座冷餐酒会的台形设计有两种形式。一种是用小圆桌就餐,每张桌边置 6 把椅子。在厅内布置若干张菜台。另一种是用 10 人桌面,摆 10 把椅子,将菜点和餐具按中餐宴会的形式摆在餐桌上。也可以根据出席的人数用 12 ~ 24 人大圆桌或长条桌进行布置。无论是何种台面,餐台均是摆放在宴会厅四周,并在一角设置酒吧,见图 3.11。

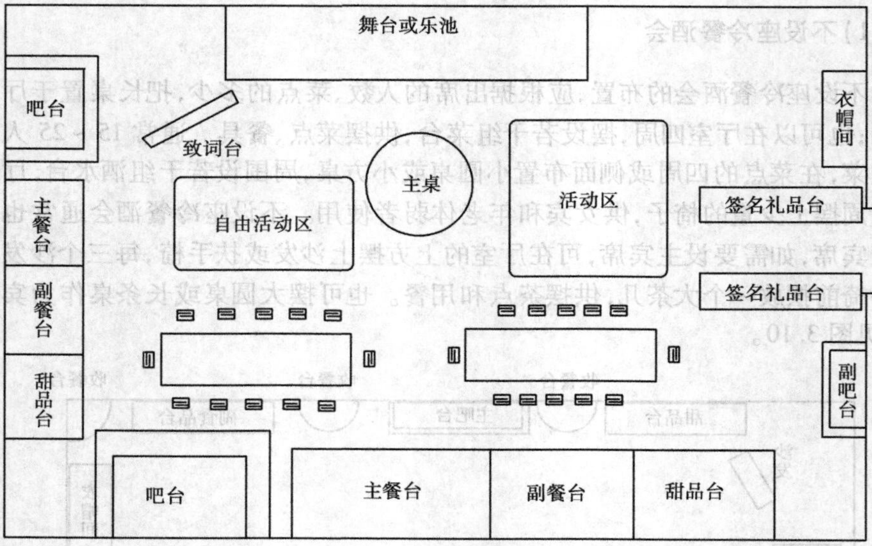

图 3.11 设座式冷餐酒会

3.4 宴会摆台设计实例分析

不同类型的宴会,为突出各自宴请的特点和氛围,达到宴请的效果,在宴会台面上要突出各自的主题。在这里,我们主要讲述政府会客宴会、节日宴会的台面设计。

3.4.1 政府机关会客宴会台面设计

政府机关宴请规格高,是机关和企事业单位为欢迎来访的宾客或为答谢而举办的宴会。其中突出对客人的欢迎和对政府所在地民俗风情的推广介绍。

例 拟浙江金华市政府会客宴台面设计,见图3.12。

此案例为金华市政府某一次接待外地贵宾,宴会的主题台面命名为"金华印象"。

赴宴宾客的背景情况:他们曾经到过金华,但是对金华留下的印象并不深刻。因为来也匆匆去也匆匆。

"金华印象"宴会台面所蕴含的意义体现在以下方面。

图 3.12

唐代著名诗人严维曾经在金华留下诗句:“明月双溪水,清风八咏楼。”其中包含了金华的三大名楼和母亲河婺江。婺江由武义江和义乌江交汇而成,所以古人为它取了一个非常好听的名字——双溪。金华古代三大名楼——明月楼、清风楼、八咏楼就环绕在婺江的周围。南宋著名女词人李清照晚年客居金华,在她的《武陵春》词中提到:“只恐双溪舴艋舟,载不动许多愁”。自古,双溪水中舴艋小舟就承载着金华古代的文明一直行驶到今天,并一直梦幻般地带我们驶向未来。俗话说得好,“山不在高,有仙则名;水不在深,有龙则灵”。这句古语似乎特意为金华山而写。在金华城北,有连绵的北山,有北山中的浅水,有仙气远播东南亚地区的黄大仙,有兢兢业业守护在北山双龙洞里的青龙、黄龙。

用花泥、蒜叶、八角亭和鲜花就简洁地表达出金华双溪的美景;用芋头雕刻的假山表明是金华北山这座天然屏障,因为有了黄大仙之说,雄厚而更显神秘,见图 3.13。

这是金华城的总体印象。再细品时,“金华印象”中还有佛手、火腿、酥饼……还有金华人那不紧不慢的生活节奏。整个设计台面中的田园风格,表达的就是这种和谐、安详的气氛。结合特制的菜单,所有的菜式都与金华有关,或以其特产为料,或取地方风味、民俗胜地谐音为名。

评析 该台面把金华的元素融合到作品当中,其构图中的北山、婺江、三大名楼、古桥,包括宴会菜单中菜式的选择,都带有浓厚的金华特色。对这些来到

图 3.13

金华，又迫切想了解金华的山山水水、民俗风情的外地贵宾来说，该台面无疑勾起了他们的兴致。于是，在宴请时，一边饮酒吃饭，一边欣赏台面，一边向客人介绍金华的山水民情，一边倾听《江南有座金华城》的音乐，一边把玩着骨碟边摆放着的小佛手……既是一种吃饭休闲，又能让宾客留下深刻的"金华印象"。整个台面把金华的美丽山水，金华的民俗风情，金华的美食佳肴……把金华的一切一切，推向了世界，这正是"金华印象"所要达到的目的。

3.4.2 中秋佳节宴会台面设计

节日宴会一般多带有亲情、友情或者其他方面感情沟通的宴会形式。其形式比较随意，主要突出宁静、温暖、亲近的气氛。

例 拟中秋佳节台面宴会设计，见图 3.14。

背景分析 中秋之宴是我国传统节日宴会，洋溢着团圆、祥和的氛围。我国不论东西南北，还是不同民族，对中秋文化的理解近乎相同。

"中秋明月宴"所含的寓意表现在以下这些方面。

万里无云境九州，最团圆夜是中秋。中秋之夜，月色皎洁，古人将圆月视为团圆的象征，因而中秋又为"团圆节"。在中秋时节，仰望天空，对着天上又亮又圆一轮皓月，总会勾起我们满腔的相思、满腔的祝愿，期待家人团聚，朋友幸福。这份思念、这份期盼，不由让人感叹"团圆真好"。当明月已圆，相思甚浓之时，

图 3.14

特别奉献给宾客意喻团圆和思念的“中秋明月宴”，无不使人顿生一股暖意。

摆放在宴台中间的是一个圆形的花篮，象征着“花好月圆”，所谓“花好月圆人团聚”，表达对家人团圆、亲友团聚，共享天伦之乐的向往和追求；篮子里的水果月饼，是人们对丰收的庆祝、对美好生活的祝愿。在中秋节的夜晚，人们品尝着月饼、水果，吟唱着颂月的歌曲，抒发着对美好生活的热爱和对远方亲人的思念和牵挂。简洁的花形有着更深远的意蕴，黄色的雏菊与绿色的天门松交相辉映，洁白的百合镶嵌在其中，组成了人间美丽的景色，喻意人间美好的生活；俏丽的天堂鸟和灵动的红掌似嫦娥婀娜的身姿，像是对人间美好翘首顾盼。而两片月形的剑叶，寓意“人有悲欢离合，月有阴晴圆缺”，表达了人们淡淡的愁绪和浓浓的思念。再配上精心挑选的餐具，一圈金色的花边，以及飞鸟逐月的图案，一切都为合家团圆做好了准备。

评析 该台面用了我国最易表达中秋文化的元素，即月饼、花篮等。用简洁的元素表达了人们对圆月的追求，又真切地表述了月有阴晴圆缺的真理。设计者如实的写意，“中秋明月宴”正是把亲情、爱情、友情、离别之情融为了一体。

思考与练习

1. 宴会台面设计的基本要求有哪些？如何运用？

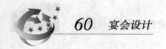

2. 宴会花台设计应掌握哪些要求?

3. 自选主题,对所选主题宴会进行台面设计。写出构思和解说词。

小知识链接

我国台面设计常见的吉祥物

席面物品可造型成图案或表现为动植物形态,通过这些图物的隐喻喜吉作用,反映宴会主题。在我国常被用作吉祥物的有以下种类。

1. 龙。为“四灵”之一,万灵之长,是中华民族的象征,最大的吉祥物,常与“凤”合用,称为“龙凤呈祥”。寓意“神圣、至高无上”。

2. 凤。为“百鸟之王”,雄为凤、雌为凰,通称“凤凰”,被誉为“集人间真、善、美于一体的神鸟”,也被喻为“凤毛麟角”。

3. 鸳鸯。吉祥水鸟,雌为鸳,雄为鸯,传说为鸳妹鸯哥所化,故双飞栖,恩爱无比。喻为夫妻百年好合,情深意长。

4. 仙鹤。又称“一品鸟”,吉祥图案有“一品当朝”“仙人骑鹤”是长寿的象征。

5. 孔雀。又称“文禽”,言其具“九德”,是美的化身,吉祥的预兆,爱的象征。

6. 喜鹊:又称“神女”,象征喜事来临、幸福如意。

7. 燕子。古称“玄鸟”,冬去春来,燕为春天的象征。古人考中进士,皇帝赐宴,宴谐音燕,故用以祝颂进士及第、科举高中。燕喜双栖双飞,用“新婚燕尔”,贺夫妻和谐美满。

8. 蝴蝶。雅称“彩蝶”,彩蝶纷飞是明媚春光的象征。民间因“梁山伯与祝英台”故事中化蝶的结局,常以彩蝶双飞喻夫妇和好、情深意长。又因“蝶”与“耋”谐音,故以蝴蝶为图案表示祝寿。

9. 金鱼。除有“富贵有余”的吉祥含义之外,更因“金鱼”与“金玉”谐音,民间有吉祥图案“金玉满堂”。

10. 青松。为“百木之长”。松为长寿之树,历来是长生不老、富贵延年的象征;松树岁寒不凋,冬夏常青,又寓意坚贞不屈、高风亮节。

11. 桃子。最著名的是蟠桃,为传说中的仙桃。民间视桃为祝寿纳福的吉祥物,多用于寿宴。

第4章 宴会菜肴设计

【学习目标】

通过对本章的学习,要求学生了解宴会菜肴的特点,理解宴会菜肴设计要求,熟练掌握宴会菜肴的设计方法与程序。

【知识目标】

了解和熟悉宴会菜肴设计的内容,掌握宴会菜肴的设计思路与注意事项。

【能力目标】

通过系统的理论知识学习,能针对不同的宴会进行菜肴的全面设计。

【关键概念】

宴会菜肴　色彩　菜肴质量　宴会主题　菜肴命名　酸碱平衡　特色　创新　菜肴设计

问题导入:

宴会菜肴是宴会的重要组成部分,宴会设计首先必须对宴会菜肴进行科学合理的设计。宴会菜肴设计包括对组成一次宴会的菜肴的整体设计和具体每道菜的设计。无论作为宴会厅的管理者,还是宴会的策划者,以及厨房的厨师长和厨师,都应熟练掌握宴会菜肴设计知识,不能照抄照搬一些现成的宴会套菜,或将一些单个菜肴、点心随意拼凑成宴会套菜。宴会菜肴的设计是一项复杂的工作,也是一种要求很高的创造性劳动。它要求宴会策划者不仅要掌握烹饪学、营养学、美学等学科知识,而且还应了解顾客的消费心理,了解各地区、各民族的饮食习俗等相关知识。同时,宴会也要充分体现了南、北、东、西饮食文化的进一步交流与融合,菜肴设计上以本地风味为基础,辅以其他菜系风味菜肴,以丰富宴席内容、扩大适用范围。此外,还应对基本格局的某个或多个阶段进行强化或弱化,从而形成不同风味和特色的宴席。所以,采用适宜的宴席菜肴设计,安排具有相应主题并带有美感的菜点,可以增加宴席的气氛。

以"锦江缘定终生宴"为例,我们进行相关分析。

"锦江缘定终生宴"是一桌婚宴,宴席中处处体现现代婚姻的时尚现代、浪漫热烈、早生贵子、百年好合的宴席主题。菜肴设计上更是突显这一主题,如龙凤冷盘配八冷碟就是龙凤呈祥、珠联璧合、八方来贺之意,鸳鸯双菇扒时蔬——鸳鸯共枕结同心,椒烹银雪鱼——天长地久庆有余,五彩百合熘玉带——百年好合锦玉带,大枣花生莲子羹——早生贵子等,菜肴设计上无一不体现婚庆的主题。

"锦江缘定终生宴"中早生贵子——大枣花生莲子羹,百年好合锦玉带——五彩百合熘玉带,天长地久庆有余——椒烹银鳕鱼,四喜临门——四喜蒸饺,比翼双飞会鹊桥——炭烧鸽拼凤翅,这些菜肴的命名突显婚宴的喜庆、祝福。锦江送别宴中八冷盘佐酒一醉方休(四荤四素),鸿运蟹祝君更上层楼(金牌鸿运蟹),芝麻虾祝君功成业就(高升芝麻虾),杏仁豆腐暂解离别愁(蜜枣杏仁豆腐),这些菜肴的命名则表达了亲人的惜别、祝愿之情。

宴席菜肴设计必须要以餐饮企业和顾客为核心,结合餐饮企业的文化特性,以顾客需求为中心,确定适宜的宴席主题,综合宴席的各种因素,进行创新式设计,提供最佳的物质和精神享受。

4.1 宴会菜肴的特点和要求

4.1.1 宴会菜肴的特点

1)烹饪原料的选择

宴会菜点的原料选择以及烹调类别、味形、色泽的确定,必须结合季节特点设计和制作。可以优先选择时令烹饪原料，既体现菜点特色，又提高宴席的档次，吸引客人就餐，引导餐饮时尚。在色调上，在寒冷的冬季菜点色调应以暖色调为主，而在炎热的夏季菜点色调应以冷色调为主；在味形上，冬季宴会菜点口味应偏重些，夏季宴会菜点应以清淡为主。

2）宴会菜肴质量的多样化

菜肴质地就是指菜肴的质感，包括老、嫩、酥、软、脆、烂、硬、滑、爽、粗、细等特点。在设计菜肴时菜点的质地，应从以下两个方面考虑。

①尽量设计质地丰富多彩的系列菜肴。一套良好的宴会菜肴不能只是一种或少数重复的质地，应该丰富多样。

②按客人的特点来设计菜肴质地，满足客人的不同需求。老年人喜欢吃酥烂、松软的菜点，儿童则喜欢吃酥脆的菜肴。设计菜肴时应了解不同客人对菜肴质地的不同偏爱，因人而异地设计菜肴质地。

3）宴会菜点的变化

一套成功的宴会菜点无论是在原料选择、烹调方法上还是味道上都应注重变化，绝不能千篇一律。这样才能使菜肴丰富多彩，达到口味的多样化，以满足宾主的美食要求。

①要做到菜点的原料不同。一般来说，原料不同，口味各异。因此，原料不仅是菜肴风味多样的基础，同时也能提供多种不同的营养素。

②在中餐烹调过程中，使用的方法应多种多样。一种方法只能形成菜肴的一种特点。若宴会只采用一种烹调方法，就会枯燥、平淡，因为方法的变化对菜肴味道有直接的影响。所以，要考虑到烧、烤、蒸、炸、炒、熘、炝、拌、卤等多种方法，使宴会各种菜肴在口味上有浓、有淡，色彩上有深、有浅，汁芡上有宽汁和紧汁，或有红汁和白汁等不同组合。

③菜点口味要多样化。任何一道菜肴都应有独特的风味，或咸鲜、或酸辣、或酸甜。一套宴会菜肴应按客人需求，合理安排各种口味，不应该都是一个口味。

4）宴会菜点的层次感

宴会菜点设计既要体现餐饮潮流，又要有层次感。高档宴席组配要求以精、巧、雅、优为原则，菜品制作要突出主题，菜点的件数不宜过多，质量要精；中档宴会组配应以美味、营养、适口、实惠为原则，菜点的件数、质量比较适中；低档宴会组配以实惠、经济、可口、量足为原则，菜点件数不能过少。

宴会菜肴被喻为宴会接待中的一首“交响曲”，有张有弛、有急有缓，跌宕起伏。因此，宴会菜肴与零点菜肴是有区别的，宴会菜肴要体现其规格性、主题性、整体性等特点。

4.1.2 宴会菜肴设计要求

传统的宴会菜肴设计，只考虑本宴会厅原料的供应情况和客人的消费档次，这些已不能满足现代社会宴会的需要。宴会菜肴设计必须考虑以下几个要点。

1) 准确把握客人特点

设计者在宴会设计前，尤其是在与宴会厨师长共同设计宴会菜肴前，一定要准确把握客人的特征。出席宴会的客人各有不同的生活习惯，对于菜肴味道的选择，也有不同的爱好。若能具体了解宴请对象的爱好，则有助于宴会菜肴种类的确定。特别是在招待外国朋友或其他民族和地区的客人时，更应准确把握客人的特点。而要准确把握客人的特点，首先必须了解参加宴会人员的年龄、职业、性别、民族及参加宴会的目的；其次要了解客人的饮食习惯、爱好和禁忌等。比如有的忌猪肉，有的忌牛肉，有的不吃海参，也有的忌葱姜蒜，还有的忌动物油等。只有把这些情况弄清楚了，具体工作才有把握，菜单安排的效果才会更好。可以这样说，准确把握客人特点是宴会菜肴设计工作的基础，也是宴会首先需要考虑的因素。

2) 分析客人心理

在了解客人特点的同时，还要分析参加宴会者各自的心理。有的客人参加宴会只是出于好奇心理，想品尝一下本宴会厅独特的宴会菜肴；有的是出于名望的心理；有的是出于无奈心理，有朋友邀请不得不参加；也有的是寻找团聚的气氛，想借宴会搞一些主题活动；有的客人注重环境气氛和档次，有的则注重经济实惠。

总而言之，客人参加宴会有各种各样的心理，必须进行深入分析，方能了解客人的心理，从而满足客人明显的和潜在的心理需求。在进行宴会菜肴设计时，应深入分析客人对宴会菜肴的心理需求，比如宴会菜肴的文化色彩、风味特色、营养构成、服务特性等需求。

3)合理把握宴会菜肴数量

宴会菜肴的数量就是指组成宴会的菜肴总数和每道菜肴的分量以及其主辅料之间的比例。宴会菜肴的数量是宴会设计的重中之重,数量合理令客人既满意又回味无穷。宴会菜肴的数量应直接与宴会档次和客人特点联系。宴会档次高,菜肴数量相对多,每份数量相对少。若客人以品尝为目的,则要求菜肴的整体数量相对多,分量相对少。每道菜肴的主辅料比例直接体现出每道菜的数量,当比例调至某个标准时会引起质的变化,也就是说菜肴主辅料比例变化为菜肴质量变化埋下了伏笔。

总量上要求,宴会菜点的数量应与参加宴会的人数相吻合;宾客个体数量上要求,应以每人平均吃 500 g 左右净料为原则。把握菜肴的数量还应结合以下因素。

(1)菜肴的品种

菜肴的品种是由宴会的规格确定的,按宴会规格的高低,一般从 12 个到 20 个不等。值得注意的是,菜肴品种少的宴会,每个菜肴的数量要丰盛些;而品种多的宴会,每个菜的分量可减少些。

(2)宴会的档次

宴会的档次较高,菜肴的总数量可减少,品种和形式应丰富,制作方法应精巧。宴会的档次较低,菜肴数量可加大,以平均每人吃到 600 g 以上的净料为最佳。

(3)出席宴会者的目的

若出席宴会者目的不在菜肴上,可适当减少菜肴数量;若目的是为了品尝菜肴,也要减少菜肴数量,让每人尝尝每款菜肴的味道。

4)明确宴会价格与菜肴质量的关系

明确宴会价格与质量的关系,是宴会菜肴设计的基本原则。任何宴会都有一定的价格标准,宴会价格标准的高低是设计宴会形式与菜肴的依据,宴会价格的高低与宴会菜肴的质量有着必然的联系。不过价格标准的高低只能在原料使用上有所区别,宴会的效果不能受到影响,也就是在规定的标准内,把菜点搭配好,使宾、主都满意,这是宴会菜肴设计的过人之处。

在质量的掌握上,要按宴会的价格水平高低,并在保证菜肴有足够的数量的前提下,从主料、辅料的搭配上进行设计。

①规格高的宴会,应选用高档原料,在菜肴中可以只用主料,而不用或少用辅料。宴会规格低,可选用一般原料,且增大辅料用量,从而降低成本。

②菜肴在配制时,应尽量考虑配制一些花色菜、做工考究的菜,还可以增加一些最能体现地方特色和酒店特色的菜点。

③在设计口味与加工方法上,应按粗菜细做、细菜精做的原则,把菜肴调剂适当。若价格标准高,菜肴原料档次高,数量不应过多,要体现"精"的效果;价格标准低的菜肴,数量口味要适当。

5)宴会菜肴的营养搭配

对宴会菜肴的设计要从客人实际的营养需要出发。客人的营养需要因人而异,不同职业、不同年龄、不同身体状况、不同性别、不同消费水平的客人对营养的需要都有一定的差异,但设计宴会菜肴时应把握总体的结构和比例。

(1)宴会菜肴结构要合理

各种菜肴和原料包含的营养素有:蛋白质、脂肪、淀粉、粗纤维、矿物质、微量元素等。这就要求菜肴的各种原料搭配也应该合理。由于宴会是以荤素菜肴为主,所以应适当加入主食和点心。否则,人的消化机能不能正常运转,营养成分也就难以消化吸收。

(2)宴会菜肴荤素搭配比例要适当

无论是中式宴会,还是西式宴会,大部分菜肴以动物为原料。从营养学观点看,动物性原料是属高蛋白、高脂肪型的食品。传统中式宴会讲究荤菜和山珍海味,不太注重素菜;注重菜点的调味和美观,忽略了菜肴的营养搭配。而西式宴会很讲究荤素的搭配,是很值得学习的。应运用现代营养学知识对传统中式宴会进行改进,做到宴会菜肴荤素合理搭配。

在宴会菜肴安排上,要科学地进行荤素营养搭配。比如鸭翅席,冷菜采用"一大带六或一大带八"即一个大色彩拼盘带六个或八个单碟的素拼盘。上烤鸭时,要带四个素菜小炒。这样不仅有效地刺激了客人的胃口,增强其食欲,而且具有多种营养成分。

在宴会菜肴设计时,可适当掌握荤素菜的比例。素菜多了会使人感到素淡无味,冲淡宴会的气氛;荤菜多了又会使人觉得腻口。宴会菜肴分冷菜和热菜,通常情况冷菜的荤素搭配是五比四或六比五的比例;热菜是十分之二三的素菜,十分之八七的荤菜。这个比例数是不固定的。

(3)注意宴会菜点酸碱度平衡

食品可分为酸性食品和碱性食品,日常每日摄入的酸碱性食品要平衡。否则就会使身体不舒服。食入酸性食品太多,人体会有酸痛的感觉,甚至出现反酸水的现象;碱性食品太多,会使人的胃口有空荡或摩擦感,甚至乏力。酸性食品包括鱼、肉、蛋、粮食和部分水果;碱性食品包括蔬菜、大部分水果、牛奶等。

在设计宴会菜点时应注意这些品种的搭配,保证体内食品酸碱度平衡。

6)宴会菜点的品种比例要合理

这里说的宴会菜肴比例就是指组成一套宴会的各类菜肴和菜肴形式搭配要合理,各类宴会菜肴种类搭配可参考如下安排。

(1)中餐宴会菜肴品种的搭配

中餐宴会通常包括冷荤菜、热炒菜、大菜、素菜、甜菜(包括甜汤)、点心六大品种,有的还配有水果、冷饮。各个品种的具体形式如下。

①冷荤菜。宴会上的冷荤菜,可用什锦拼盘或四个单盘、四双拼、四三拼;也可采用一个花色冷盘,再配上四个、六个或八个小冷盘(围碟)。

②热炒菜。通常要求采用炒、炸、熘、爆、烩、烹等多种烹调方法烹制,从而达到菜肴的口味和外形多样化的要求。

③大菜。由整只、整块、整条的原料烹制而成,装在大盘(或大汤碗)中上席的菜肴叫做大菜。它通常采用烧、烤、蒸、炸、熘、炖、焖、炒、叉烧、氽等多种烹调方法烹调。

④素菜。由素菜经炒、烧、扒等方法制作而成,起到解腻和营养平衡的作用。

⑤甜菜。通常采用蜜汁、拔丝、挂霜、冷冻、蒸等多种烹调方法熟制而成,多数是趁热上席,在夏令季节也有供冷食的。

⑥点心。在宴会中常用糕、团、面、粉、包、饺等品种,采用的种类与成品的粗细视宴会规格的高低而定,高级宴会需制成各种花色点心或是地方特色小吃点心。

有的宴会除上述六种菜点外,还有水果和冷饮,常有苹果、哈密瓜、西瓜、橘子及各种鲜榨汁和冰淇淋等。总之,以上不同品种与不同形式的菜肴,既有原料种类的不同,又存在烹调方法的差别。只有这样,才能使一套宴会菜肴产生丰富多彩的效果。

(2)西餐宴会菜肴品种的搭配

西餐宴会菜肴通常包括开胃品、汤、主菜、甜食等四大类,各类具体形式如下。

①开胃品。开胃品就是指少量的起到开胃作用的小食品,比如面包、黄油、冷菜或色拉。

②汤。汤就是指起到开胃促进食欲作用的味道鲜美的汤菜。

③主菜。主菜包括海鲜和肉类,一般量大形整,造型讲究,可将宴会达到高潮。同时可上解腻作用的开胃小碟。

④甜食。甜食包括甜色拉、水果、奶酪、甜点心以及饮料,可起到饱腹和助消化的作用。

(3)宴会菜肴搭配比例

不论是中餐宴会,还是西餐宴会,应注意菜肴种类与形式的搭配比例。

①要注意一套宴会菜肴中冷盘、热炒、大菜、点心、甜菜的成本在整个宴会成本中的比重,以保持整个宴会的各类菜肴质量的均衡,避免冷盘档次过高、热炒菜档次过低。

②要注意宴会的档次不同,宴会菜肴种类搭配比例也随之变化。变化规律通常如下。

一般宴会:冷盘约占 10%,热炒约占 45%,大菜与点心约占 45%。

中级宴会:冷盘约占 15%,热炒约占 35%,大菜与点心约占 50%。

高级宴会:冷盘约占 15%,热炒约占 30%,大菜与点心约占 55%。

③要注意在同一道菜肴中的品种搭配。即指某一道菜可由两种或两种以上的品种组成。这一点应学习西餐的菜肴搭配方法,比如在大菜中配上一些开胃小菜。

7)注重菜肴的色彩搭配

一套宴会菜肴色彩运用的好坏是衡量菜肴好坏的首要标准,由于一道菜肴最早让人接受的信息便是它的颜色。菜肴色彩设计就是怎样合理巧妙地利用原料和调料的颜色,外加点缀物的颜色、器皿颜色,使菜肴的颜色愉人之目。

宴会菜肴设计需要考虑的因素还有很多,宴会设计人员应按以上介绍的各种因素,再结合本宴会厅的特色进行菜肴设计,从而设计出具有自身特色的宴会菜肴,增强宴会厅的吸引力和市场竞争能力。

在宴会主体与风格确定后,应考虑整个宴会菜肴的主色调和协调色调,具体到每一道菜肴就是应考虑到利用调料、配料去衬托主料,使其色彩具有独特的风格。宴会菜肴色泽合理搭配必须注意如下几个问题。

①原料色彩的合理组合,是为了最大限度地衬托出菜肴的本质美。主要的精力应放在如何合理地利用原料的本色上,而不是借助于色素。

②色彩为菜肴服务,当以味为主。不能片面追求色彩漂亮而大量采用没有使用价值的或口感不好的生料做菜肴的装饰点缀品。

③原料色彩组合时,要防止色彩混乱,应强调巧妙地运用色彩的搭配。要注意主料与配料、菜与盘子、菜与菜、菜与桌面的色彩调配,使菜肴达到既丰富多彩,又不落俗套;既鲜艳悦目,又要层次分明,绝不能千篇一律。对赴宴者而言,宴会菜肴颜色安排得协调,不仅能增加食欲,而且能给人以美的艺术享受。

4.2 宴会菜肴的设计

4.2.1 宴会菜肴设计方法

宴会菜点设计不同于一般的菜点设计,它必须以宴会主题为中心,以宴会特色为导向进行设计,所以,宴会菜点设计方法有以下几种。

1)创造和突出宴会主题

宴会主题不同,宴会菜点的形式也就有所不同。宴会菜点的形式就是指构成宴会的菜点种类、特点、结构、造型、菜名及服务方式。设计宴会菜点,必须突出宴会主题。

现在许多宴会形式僵化,都是所谓"十三道"金牌,即一冷拼、六热菜、四大菜、二点心共十三道菜。这已难以适应人们对餐饮不断变化的综合需求。所以,宴会菜肴设计要求按摆设宴的目的,安排具有一定"主题",带有美感的菜点,增强宴会气氛。

创造和突出宴会主题时,可参考以下方法。

(1)宴会设计人员设计一些专题宴会来吸引客人

专题宴会就是指所有菜点围绕一个主题,比如红楼菜,即所有的菜点出于《红楼梦》。中国的名著很多,不少涉及饮食,有许多主题可供发掘。

(2)设计以一种原料为主的宴会

就是以一种原料为主,利用炸、熘、爆、炒等各种方法烹调,配上各种辅料形成不同风味菜肴组成的宴会。比如长鱼宴、百合宴、鲜花宴等。

(3)以面点为主题创造和突出宴会气氛

比如山西削面宴、西安的饺子宴等。

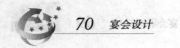

(4)以传播知识为目的的主题宴会

比如设计用食疗系列菜组成的宴会等。总之,创造和突出宴会主题的方法很多,以上方法只是抛砖引玉,主要目的是使读者受到启发能够触类旁通创造出更加新颖的宴会主题。

2)宴会菜肴命名要富有情趣和文化性

宴会菜肴命名既要让客人一眼就能看清楚内涵,又要使客人产生食欲和联想,回味无穷。宴会菜肴命名的基本方法有:在主料前加调味品的命名方法;在主料前加烹调方法的命名方法;以主辅料配合命名的命名方法;在主料和主要调味品间标出烹调方法的命名方法;在主料前加入人名、地名的命名方法;在主料前加色、香、味、形、质地等特色的命名方法;在主辅料之间标出烹调方法的命名方法;在主料前加上烹制器皿或盛装器皿的命名方法;以形象寓意命名的命名方法。

在宴会菜肴设计时,除了运用以上的基本方法外,还应结合宴会特点给菜肴巧妙命名。比如,将菜点的特征以富有情趣和文化性的词语表现出来,既显得不落俗套,又能突出宴会主题,增加气氛。

突出婚庆宴会的菜肴可命名为"吉祥如意""百年好合""鸳鸯戏水""龙凤呈祥""双喜临门"等;庆祝高升和升学的宴会菜肴可命名为"鲤鱼跳龙门""连升三级";庆祝开业大吉的宴会菜肴可命名为"遍地黄金""恭喜发财"等;庆祝全家团聚的宴会菜肴可以命名为"全家福""两岸相思""满园春色"等。

3)宴会菜肴要有独创性

宴会菜肴无论在整体设计上,还是单个设计上,都要有独创性,否则,在餐饮市场日益竞争激烈的今天,就难以靠宴会菜肴吸引客人。现在有的餐饮企业的宴会菜肴没有特色,把一些比较受欢迎的菜肴勉强组合进宴会,没有反映这个地方、这家餐饮企业的特色。甚至有的餐饮企业附庸风雅,甚至连出典、背景都没搞清楚就贸然推进仿古菜,常落得弄巧成拙的结局。

因此,宴会菜肴设计必须显出特色,表现出本企业宴会设计的个性及时代的特征,让客人在享受宴会的同时,得到文化艺术的享受。创造性地设计宴会菜肴,有以下两种方法。

(1)继承与发扬相结合的方法

对待传统菜肴的创新改革,应采取既要发扬传统宴会的特色,又要结合时代的要求。应对传统宴会作一深刻的分析,找出传统菜肴的优点之所在,取其精华,再加以提炼，在此基础上进行改良和创新。比如，各地的满汉全席，在中国台湾地区、中国香港地区、日本都得到了创新，受欢迎的程度大大超过传统的满汉全席。

(2)时代背景与宴会主题相结合的方法

现代人参加宴会有各种各样的心理，比如猎奇、开阔眼界、求名等，不再单纯是以往的甩大盘心理。所以，应按这些背景设计一些能让人们学到知识，启迪灵感的宴会。比如利用一些历史典故设计一些菜肴，利用药膳设计一些菜肴，启发医食同源的宴会，冠以适当的主题等。

4.2.2 宴会菜肴设计的注意事项

在设计宴会菜点时，应注意考虑本宴会厅的设备、技术、原料储备及市场原料供应等情况。具体要注意以下几点。

①考虑本宴会厅独有的烹调设备和技术及原料储备情况，发挥其独特优势，设计出独特的菜肴。

②菜点的设计还得按饭店厨师的实际技术能力而定，应选定厨师们最拿手的菜品，从而确保质量，体现出宴会厅的特色。

③应考虑到市场供应情况和当时的季节。充分掌握本宴会厅储备及市场的供应情况及质量、价格，才能使宴会菜肴既丰富多彩，又与售价相适宜，还能避免菜点设计得好，但却没有货源的现象出现。此外，我国有一年四季的季节变化，烹饪上使用的原料都有季节性，有些原料尤为突出，比如螃蟹、豌豆、鲜冬笋、野味等。有些菜肴的季节性也较明显，比如生片火锅、涮羊肉、凉拌面、杏仁豆腐等。所以，了解市场供应与应时季节的变化，选用合适的原料，制作出应时应季，符合货源供应和人们口味变化的菜点，从而满足客人的需要。

以上注意事项，宴会设计者和宴会厨师长应熟练掌握并加以灵活运用，而不能过于死板教条。

4.2.3 宴会菜肴设计程序

宴会菜肴的设计是一项融艺术性、技术性和创造性为一体的难度相当大的工作。宴会菜肴设计成功与否，直接影响着宴会厅经营成果，因此，宴会菜肴设计人员、宴会厨师长及厨师应共同作好宴会菜肴的设计工作。宴会菜肴设计工作与其他工作相同，有着严格的工作程序与方法。

宴会菜肴设计程序就是指宴会菜肴设计人员接到宴会预订单或宴会厅特色确定后，在充分了解客人情况并加以分析的基础上，再结合本宴会具体情况设计出适合客人需求的宴会菜肴的过程。其具体过程分为以下几步。

1)了解市场需求和分析客人的情况

在设计本宴会厅宴会菜肴前,要了解市场需求和分析客人的情况。其具体包括:客人对什么样的宴会菜肴感兴趣,现在有哪些宴会菜肴,当今市场上都有哪些人是宴会消费对象,各种消费者各有哪些需求等。

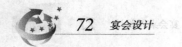

只有了解了这些情况后,才能分析总结客人的总体共性需求,以设计出受消费者欢迎的菜肴。当今宴会出现供大于求的现象,但消费者参加宴会满意度很低,他们往往对一些富有创意的宴会感兴趣。现在的宴会菜肴品种古老单调,菜肴多半只能算吃饱,食后没有舒服感和满足感,更谈不上精神上的享受。目前宴会的主要消费对象有两大类。一是工作业务往来的宴会消费,这类消费注重气派、名气;另一类是喜庆活动的集体宴会,这类消费注重实惠。宴会设计者在了解以上情况后,应了解客人的更详细情况,从而有针对性地设计宴会菜肴。

2)把握宴会厅特色与宴会主题

在任何一个社会环境中,都存在着十分复杂的饮食消费习俗,消费者的口味更是众口难调。因此,宴会菜肴设计应在详细了解和分析客人情况的基础上,兼顾本宴会厅的特色和宴会的主题,使两者恰到好处地融为一体,相互统一,互相衬托。

(1)把握宴会厅的特色

宴会厅特色包括消费档次、菜肴特点、宴会厅的服务方式,这些都是本宴会的特色。比如有的宴会厅提供高档宴会菜肴,餐具为金餐具和银餐具,这个宴会厅便是以高档次为特色。有的宴会厅专营传统菜肴并配以与此相应的服务方式。宴会厅有特色方能在竞争中立足。宴会设计者必须明确本宴会厅特色,否则什么客人都接待,什么菜肴都做,只能说明什么也不会做。

(2)明确宴会的主题

客人到本宴会厅消费,目的很明确,都不是随意的。有的是招待业务往来者,有的是答谢客户,有的是结婚或生日庆祝宴会,有的是想通过宴会达成某种合作等。宴会菜肴设计就可按各个主题的不同,将菜点稍加变化,突出主题。比如在客人生日宴会的最后送上一盘寿糕,以示宴会厅对客人生日的祝福,会给客人带去不少的温暖和感动。

宴会菜肴设计归根结底需要考虑顾客需要和保证宴会双赢这两个因素。两者应平衡兼顾,忽视了其中任何一点,都会影响顾客的利益或宴会的经营。这就要求宴会策划者针对菜肴精心设计,以增强宴会厅的吸引力和竞争力。

4.2.4　宴会菜肴设计举例

1)案例1　蜀风遗韵宴

蜀风遗韵宴把蜀地的茶、酒、菜、戏融合统一,以现代宴会的形式传承和展示了浓厚的蜀地文化。借以川宴传统宴会品茶、品酒、品菜、品戏并配以三星堆文化装饰,使人感受蜀地文化的厚度,满足现代人出于自然而高于自然的享受追求。茶为川茶、酒为川酒、菜为川菜,戏为川戏,特别是菜肴的设计更显蜀地古韵。如凉菜五荤三素,传统经典热菜十道。从用料上体现了川菜的山河文化特征;从味形上体现了川菜百菜百味,一菜一格,口感冲击力强的特点;从烹饪技法上突出了川菜小煸、小煎、小炒、干烧、涨发的技术。如陈麻婆豆腐、棒棒鸡丝、古法烧岩鲤、东坡煨香肘、夫妻肺片等,都是此宴的特色菜。

解说词:从文化特征来说,川茶、川酒、川菜、川戏合为四川。我们设计的这一台蜀风遗韵宴,将在传承和展示这些文化的同时,结合时代的要求有所创新(宴会中安排川戏变脸助兴,将三星堆的一些文化作为装饰品,以油绿和深黄色为主色调,这样使人能感受到文化的厚度,但是我们力求做到出于自然而高于自然,满足现代人追求享受的要求)。

到奉:蒙山黄芽

手碟:蜜果、干果、水果

川人爱喝茶,于是宴前先谈茶乃蜀风遗韵。早在西汉时期,吴理真在雅州蒙顶山植茶树七株,开人工种植茶叶之先河,四川雅安也因此成了世界茶文化的发祥地,五代的《茶谱》对此作了详细记载。唐代天宝元年全国八大贡茶就有五大贡茶出自四川。所以当时有“扬子江心水,蒙顶山上茶”的说法。今天的宴会我们首先要给各位奉上一杯唐时贡茶“蒙山黄芽”,四川传统宴会甚为讲究,开宴前要上三种手碟——蜜果、干果、水果。这里有配合三星堆文化的意蕴,并且餐前吃水果也是一种健康的理念。

开胃酒:仙林青梅酒(五粮液酒厂出品,有青梅煮酒论英雄之意)

开胃菜:藿香醋渍胡豆　萝卜干水豆豉(蜀人传统风味)

佐餐酒:水井坊(中国白酒第一坊,始于元末,六百年遗韵)

头　汤:蜜枣银耳羹(每人一份)

菜品解说:

《华阳国志》曾写有川人口味倾向，四川阴湿而川人尚滋味好辛香，重多滋多味口感尤喜冲击力强，古代没有辣椒常用茱萸葱蒜姜，引进辣椒后川菜开始走向辉煌。因而凉菜我们安排了五荤三素和十道古朴热菜。我们从用料上要体现川菜的山河文化特征；从味形上要体现川菜百菜百味一菜一格、口感冲击力强的特点；从烹饪技法上要突出川菜小煸、小煎、小炒、干烧、涨发等技术。

冷　菜：竹林白肉、夫妻肺片、陈皮兔丁、樟茶鸭子、棒棒鸡丝、灯影紫薇、糟醉冬笋、姜汁菠菜

热　菜：古法烧岩鲤、叉烧香乳猪（烧烤菜）、清汤白菜心（二汤）、家常辽刺参、丁宫保鸡丁、东坡煨香肘、鸡蒙葵菜心、大蒜烧鲶鱼、杏仁豆腐（甜菜）

座　汤：神仙虫草鸭

随饭菜：干煸虎皮椒、陈麻婆豆腐、蒜苗回锅肉、鸡米烩芽菜

小　吃：担担面、卤肉锅魁、钟水饺、红枣油花（枣泥花卷）

送客茶：碧潭飘雪

2）案例2　祝寿宴

“松鹤延年”（冷拼）：松有万年松、百木之长的美称。松树枝叶叫常青，树干挺直，生机勃勃，是青春永驻、健康长寿的象征；鹤俗传属长寿仙禽，寿不可量。鹤寿千岁，属长寿之王。松龄鹤年，长寿吉祥，祝寿翁如松鹤延年。

“八仙过海碗”（冷拼盖碗）：八仙从蟠桃大会归来，途经东海，他们相约各投一物，乘之而过，故有“八仙过海，各显神通”之说。八仙本属长生不老的仙人，八仙为寿翁献寿，寓意福如东海，寿比南山。

“鸿运高照”（锦江批皮鸭）：鹤发童颜，鸿运高照，大展宏图。祝健康长寿，永葆青春，吉祥如意。

“福如东海”（冰糖甲鱼）：祝贺寿翁的福分像东海一样长流不断、广阔无边。

“年年有余”（龙须鳜鱼）：寿翁吉祥如意，年年有余，吃、穿、用都有盈余，丰衣足食，生活富裕美好，家业发达。祝寿翁岁岁大吉，年年有余。

“齐眉祝寿“（寿面寿桃）：寿面寿桃是生日吉祥之物，齐眉意味子孙满堂，共祝寿翁万寿无疆。

3）案例3　香港回归宴

在香港回归祖国之际，中国烹饪协会会员、特级烹调师李光远先生设计的大型宴会“香港回归宴”，曾轰动一时。该宴会共设菜点15款，每款菜点的设计及寓意各具特色，因而形成了鲜明的时代感，极具历史的文化内涵。

"盛开紫荆花"：这款菜系用鲜贝制成，表示人们盼望香港早日回归祖国的心愿。将加工后的鲜贝摆成花瓣状，浇上鲜白汁，中间用萝卜丝制成花蕊，铺成一碟盛开的紫荆花。

"丝丝相连"：寓意香港与祖国紧密相连。此菜用蟹肉、油菜丝、牛肉丝、鸡丝、火腿丝制成中国地图和紫荆花，表示"一国两制"。

"根"：表示龙的传人。主料是鱼，加工后摆成龙形，鱼头炸成龙头状。

"舜耕"：此寓意舜创造中国农耕文化，邓小平开创"一国两制"。此菜用薄鱼片和多种调料腌制，将鱼片排列，蒸熟浇汁，另用雕刻的飞凤、大象和青竹作装饰，以体现有关舜的传说。

"虎门销烟"：将大虾改刀成虎爪状，调味、油炸，浇番茄酱，用水果刻成"城门"，中间放置黑色的红烧海参，再用银耳、红樱桃作装饰。

"中华五千年"：下面是白扒小笋整齐地摆成圆形，中间是炒成的蟹子玉兰片，旁边放上青笋和发菜做成一支丰满的笔，表示"纷纷扬扬五千年"的中国历史，恰是"整整齐齐一部书"。

"归"：这道菜是将鸡翅去骨，加调料后油炸，取出摆成雄鹰展翅状，表示历史的推动和归心的迫切感。

"普天同庆"：用鲜贝、面粉、鸡蛋揉成球状，裹芝麻炸熟。放入番茄切片做成的"灯笼"中，表示热烈的气氛。

除上述8款大菜外，还有"一帆风顺""和平鱼篮""五洲凤舞""四海三鲜汤""百合鲍鱼汤""四喜饺"和"如意卷"7款菜点。这张"回归宴"的菜单宛如一部"史诗"，内容丰富，造型多姿多彩。根据设计者的设计，宴饮时播放《把根留住》这支歌曲。融饮食、历史、文化、雕塑、音乐于一体，使得整个宴饮洋溢着一种喜庆、祥和的气氛。

4）案例4　孔府洞房花烛宴

孔府衍圣公大婚庆典在洞房中准备的酒筵。有"喜庆花红、早生贵子、白头偕老、合家康泰"等寓意。

四干果：长生果、栗子、桂圆、红枣

四鲜果：石榴、香蕉、橘子、蜜桃

四双拼：凤尾鱼——如意卷；翡翠虾球——白玉糕；水晶樱桃——绣球海蜇；金丝蛋松——太阳松花

四大件：凤凰鱼翅（大件）、芙蓉干贝、炸鸡扇、八宝鸭子（大件）、桃花虾仁、鸳鸯鸡、点心——单麻饼跟银耳汤（各份）、烤火揽鳜鱼（大件）、桂花鱼饼、炒金钱香

菇、带子上朝(大件)、冰糖百合、炒口糖、点心——百合酥和桂圆汤(各份)

四压桌:蝴蝶海参、罗汉豆腐、鸳鸯钎子、福禄肘子

5)案例5 海参席(四川风味)

(1)序曲,茶水铁观音一壶

手 碟:酱酥桃仁、脆花生仁

开胃酒:桂花蜜酒

开胃菜:糖醋辣椒圈、涪陵榨菜头

羹 汤:大枣银耳羹

彩盘冷菜:孔雀开屏

单碟冷菜:灯影牛肉、椒麻鸭掌、五香鱼条、糟醉冬笋、糖粘花仁、松花皮蛋

(2)主题歌,头菜

头菜:凤翅海参、炸菜香酥鸭子(配荷叶饼、葱、酱)

二汤:鸡蒙葵菜(配萝卜丝饼)

热荤:干烧岩鲤、三鲜汤、醋熘凤脯、素烩干贝、露笋甜菜、红苕泥(配冰糖鱼脆)

座汤:清炖牛尾汤(配牛肉焦包、小馒头)

小吃:鸡蛋熨斗糕、担担面

(3)尾声

饭菜:麻婆豆腐、韭黄肉丝、泡青菜头炒豌豆尖

水果:金川雪梨、江津广柑

思考与练习

1. 如何进行宴会菜肴设计?

2. 宴会菜肴进行设计时,应掌握哪些要求?

3. 怎样设计宴会菜肴的名称?

4. 宴会菜肴设计时,应注意些什么问题?

小知识链接

1. 皇帝宴:2002 年 5 月 25 日晚,北京饭店宴会厅里灯火辉煌、银龙狂舞、鼓

乐齐鸣。200多位身着“唐装”的外宾簇拥着中国帝王打扮的BOB UHLER总裁。当这位总裁乘着八抬大轿沿着红地毯登上宝座时，这场被称之为“皇帝宴”的高档宴会，把几天来北京饭店的酒宴活动推向高潮。宽大恢弘、极富中国宫廷风格装饰的北京饭店宴会厅，为在这里举办大型酒宴活动的客户展开想象的翅膀，竭尽全力利用中国的传统文化、民俗特色来装点大厅，烘托宴会气氛，调动来宾的兴趣和激情。这次“皇帝宴”主办者不仅将宴会厅装饰成金銮宝殿，同时还将农村的舞龙、花轿请进宴会大厅，席间不仅表演中国的地方戏，并让宾客都来参与选“妃子”游戏。宴会后，外宾还饶有兴致地跳中国秧歌，既了解了中国文化，又品尝了中国美食。

2. 我国传统的美馔佳肴，不只以色、味、形著称，而且具有诸多构思巧妙的名字。就拿含有数目的名称来说吧，真是个、十、百、千，各类数字应有尽有。这些数字的情趣或指其色，像“二色蟹肉圆”“七彩鱼面”；或指其香，像“三鲜瓤豆腐”“五香肉”；或指其形，像“六角镟饼”“八大锤”。有些两位数以上的命名，更是寓意吉祥，能给饮宴增加某种气势，平添不少喜庆色彩。例如：“百鸟朝凤”，那是清代乾隆皇帝为皇太后钮祜禄氏60寿辰特意制作的一道大菜，上菜时由100位宫女放飞100只小鸟，百鸟争鸣之际，御厨把菜献至寿宴主席，它以母鸡、鸽蛋、鸭胗等原料烹制，菜形、味道都美。

资料链接

1. http://www.canyin168.com/glyy/chu/yxsj/
2. http://www.jiuhua.com.cn/chinese/02canyi/04shtcc.htm

第5章 宴会服务设计

【学习目标】

通过本章学习,能够了解宴会服务程序,并针对不同类型的宴会作出初步安排。

【知识目标】

通过系统学习,了解中西餐宴会的一般服务程序,注意各类主题宴会和酒会的特殊服务程序,并学习其中相关知识。

【能力目标】

通过系统的理论知识学习,能针对不同的宴会,对其服务程序以及工作人员的安排作出全面设计。

【关键概念】

宴会服务　服务程序　主题宴会　宴会酒水　设计

问题导入:

在一个宴会上,两位被表彰的客人在首席位置上。另一位客人想为他们各送一杯酒。但是,这两杯酒需要在不引起别人注意的情况下端给他们,因为假如其他客人看到只有这两位能够喝酒的话,他们或许会感到不满。一位有经验的服务员说:"交给我去做,我能处理这个问题。"她走到这两位嘉宾面前,接受了他们的订单,并为他们端上了饮料,没有人知道他们俩正在喝酒。这位服务员是个待人接物的高手,她干得十分老练,既没有拒绝,也没有使想给嘉宾送酒的客人丢失面子，又没有让其他客人看穿端上来的是酒，从而冒犯其他客人。在这种情况下，通过把酒盛放在咖啡杯里，再给嘉宾端上去，表现出了她灵活的待人处事能力。

宴会服务是由许许多多服务细节组合而成的系统工程，如何让服务人员和工作人员能够高效高质地完成整个宴会服务工作，是摆在餐厅管理人员身上的一项重要课题。

5.1 中餐宴会服务的程序设计及要求

中餐宴会是使用中式餐用具，食用中国菜肴，提供中国式服务的宴会，是具有中国特色的宴会。其礼仪规格高，接待复杂。中餐宴会服务可分为四个基本环节，分别是宴会前的准备工作、开宴时的迎宾工作、宴会中的就餐服务和宴会结束工作。

5.1.1 宴会准备工作

由于宴会的要求较高，所以其准备工作也要求非常认真、细致，一般需要做好以下几点。

1）掌握情况

在接到宴会通知单后，宴会厅管理人员和服务人员应做到“八知三了解”。“八知”即知主办单位、知宾主身份、知规模、知举办地点、知宴会标准、知开餐时间、知菜式品种及出菜顺序、知收费办法；“三了解”即了解宾客风俗习惯、了解宾客生活忌讳、了解宾客特殊需要。除此之外，还需要了解进餐方式，了解宾客、主人的特殊爱好；如果是外宾还应了解其国籍、宗教信仰、饮食禁忌和口味特点等。对于规格较高的宴会，必须掌握宴会的目的、性质，宴会的正式名称，宾客的年龄、性别、有无席次卡、有无音乐或文艺演出及司机费用等。管理人员根据上述情况，按宴会厅的面积、形状设计好台形，确定具体措施和注意事项，做好宴会厅的组织准备工作。

2）明确分工

规模较大的宴会要确定服务总指挥，在宴会准备阶段向所有参加宴会的服

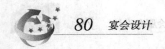

务人员交代任务，讲明意义，提出要求及注意事项。在人员分工方面，要根据宴会要求对迎宾、值台、传菜及衣帽间、贵宾室等岗位一一明确分工，并将责任落实到人，每位工作人员都有具体任务和质量标准。要求所有服务人员思想重视，工作严谨，保证宴会服务善始善终。

3）熟悉菜单

服务人员应熟悉宴会菜单及主要菜点的风味特色，以便做好上菜、分菜和回答宾客提问的思想准备，同时还应了解每道菜点的服务程序，保证准确无误地提供上菜服务。对于菜单，服务人员应做到能准确讲出每道菜肴的名称、配料与主料，能准确描述每道菜的风味特点，能准确知道每道菜肴的制作方法，能准确做好每道菜肴的服务。如发现菜单中的菜点有误，要及时与厨房取得联系，解决问题。除此之外，还要掌握部分菜肴的传闻典故、营养成分及适合人群等，以便更好地为客人服务。

4）准备物品

宴会菜单每桌至少应准备两份置于餐台上正副主人的正前方，重要宴会则要求一人一份。宴会菜单要求封面精致、字体规范、装帧美观，客人可带走留作纪念。服务员根据菜单的要求准备好各种餐具用具，准备好菜肴跟配的佐料及其他用具等，还要根据宴会通知单要求，备好酒水、香烟、水果、鲜花等物品。

5）铺设餐台

铺设餐台通常在宴会开始前1 小时进行。摆台前要洗净双手，将各种餐用具按照宴会台面摆设要求进行摆设，并按规定放好桌号牌、席次卡、公筷、公匙以及牙签、花瓶等用具，并使其美观、整齐。

6）摆放好冷盘

大型宴会一般在开宴前 15 分钟左右摆上冷盘，斟预备酒；中小型宴会则视具体情况而定。预备酒一般是甜酒，斟预备酒的作用是使宾主落座后，致辞、干杯时杯中有酒，如果客人干杯时酒杯内是空的，则显示我们的服务非常被动。摆设冷盘时要根据菜品的种类、数量、荤素、颜色等搭配，并使餐盘之间的距离均等。摆好的冷盘要色彩和谐、位置对称，讲究造型艺术，并注意把制作精美、宜于正面观赏的菜品的欣赏面（俗称“硬面”）朝向主宾，以示尊重。

7)全面检查

上述全部工作准备完毕后要进行一次全面的检查。从台面摆设、环境卫生、宴会厅布局到灯光音响以及其他设施设备和所需物品,要全部仔细检查一遍,不可忽视任何一个细节。检查后服务员要整理仪容仪表,搞好个人卫生,精神饱满地等候客人。

5.1.2 宴会的迎宾工作

1)热情迎宾

根据宴会预订单上的入场时间,宴会管理人员和迎宾员提前在宴会厅门口迎接客人,值台服务员则站在各自负责的餐桌旁准备为客人提供服务。当客人到达宴会厅时,宴会迎宾员要面带微笑、主动热情地向宾客问好,表示欢迎,并引导客人到休息室休息。

2)接挂衣帽

如果宴会规模不大,可不设专门的衣帽间,只在宴会厅里侧设衣帽架,并安排服务员照顾客人接衣挂帽;如果宴会规模较大,必须设计专门的衣帽间并安排专人进行服务。接挂衣物时应握衣领,切勿倒置,以防衣袋内的物品掉出来;贵重衣物要用衣撑,以免衣服走样;重要宾客的衣帽要凭记忆进行准确服务,贵重物品请客人自己保管。

3)端水递巾

客人进入休息厅后,服务员应热情礼貌地招呼客人入座,根据要求递上毛巾、斟上热茶或酒水饮料,并奉上新鲜的果品及香烟等。此服务要按照先女士后男士、先宾后主的顺序进行,并注意语言与动作相协调。

5.1.3 宴会中的就餐服务

1)入席服务

值台服务员在开宴前5 分钟斟好果酒,然后站在各自服务的餐台旁等候客人入席。当客人来到席前,服务员要面带微笑、使用敬语向客人问好并请客人入座,注意照顾好主宾、年老行动不方便的客人和年幼的客人,最后按照先宾后主、先女士后男士的顺序为客人拉开座椅。客人坐定后即可撤掉台号、席位卡、花瓶、花插等,然后帮客人把餐巾折花拆开摊在客人腿上或膝上,同时松筷子套,撤去冷盘上的保鲜膜,接着迅速给客人斟上入席茶,递送香巾。

2)斟酒服务

为客人斟倒酒水前,要先征求客人的意见,根据宾客的要求为他们斟上各自喜欢喝的酒水饮料。斟倒酒水时服务员要站在客人身后右侧,右脚在前,侧身而行;托盘斟酒时,服务员左手端托盘,右手握瓶,注意商标朝外,从主宾开始顺时针绕台一周,为客人斟上酒水,或者按先主宾、再其他客人、最后主人的顺序斟酒。如果有客人不要某种酒水,应将其空杯从餐台上撤走。在宾主讲话祝酒时,服务员应停下一切活动,端正地站在靠近墙的位置。主人讲话结束,服务员要及时递上两杯斟好的酒水供宾主干杯用。在宴会中,服务员应随时注意宾客的酒杯,见剩下 1/3 杯酒或空杯时应及时为客人斟倒,直至客人示意不要为止。如果酒水用完则需要征求主人意见看是否再添加。

3)上菜服务

当冷盘吃去了 1/3 或将近一半时,可征求主办人的意见,然后通知厨房准备上热菜。上菜时需要注意以下五点。

①宴会中的热菜要趁热上,并遵循一定的顺序。宴会上菜的顺序,各菜系之间略有不同。一般顺序是冷盘、热盘、大菜、汤菜、炒饭、面点、水果等。

②要选择正确的上菜位置。正规宴会的上菜口应定在翻译和陪同之间,不可选在主要客人之间。上菜口一旦选定整席就不再更改。

③每上一道菜时服务员都要后退一步站好,用普通话报上菜名并简介其口味特色、制作方法及出处,有些特殊的菜应介绍食用方法。

④菜肴上桌后,服务员要合理地调整摆放,注意荤、素、色搭配。

⑤上新菜之前要先撤旧盘,留出新菜的摆放位置,如果旧盘中还有剩余的菜,可征得客人同意后分给客人或放到小碟子中再上餐台。

4)分菜

服务人员给宾客分菜时,要站在客人身后左侧,左手端盘子、右手拿分菜工具进行。要胆大心细,掌握好菜的份数与数量,做到分派均匀、迅速、不滴不洒,按照先宾后主、先女士后男士的顺序进行,或者按照先主宾、副主宾,再其他客人,最后主人的顺序进行。另外,凡配有佐料的菜,在分菜时要先加佐料再分配。

5)撤换餐具

为显示宴会档次和服务质量及菜肴的名贵,突出菜肴的风味特点,也为保持桌面的卫生,在宴会进行过程中需要多次撤换骨碟、汤碗、汤勺及香巾等。重要宴会要求每道菜撤换一次餐碟,一般宴会席间撤换餐碟的次数不少于3次。撤换餐碟时要待客人碟中食物吃完方能进行。撤换汤碗、汤勺,一般是每上一道汤撤换一次。注意先撤后换,手法卫生,姿势正确,从主宾开始,站在宾客右侧进行。为保证服务质量,一席宴会至少保证上3次香巾。除此之外,上整形菜和需用手协助吃的菜肴,如虾、蟹等,均需上香巾。烟灰缸内烟头不得超过两个,烟头超过两个或有其他杂物时必须更换。

6)席间服务

宴会进行中,服务员要勤巡视台面,细心观察客人的表情及示意动作,主动为其提供茶水、酒水等服务。当客人准备抽烟时要主动为其点烟。客人餐具掉在地上时,不等客人吩咐,及时为客人递换干净的餐具,然后再收拾掉在地上的餐具。为客服务时要态度和蔼、语言亲切、动作敏捷。当客人吃完水果后撤走水果盘,递上香巾,然后撤走餐具,摆上鲜花以示宴会结束。

5.1.4 宴会的收尾工作

宴会快结束时,往往会被酒店管理人员和服务员所忽略的是宴会收尾工作,该项宴会服务在循环经营中有承前启后的作用,不做好本次宴会收尾工作,会影响到下次宴会服务,因而要注意如下几点。

①当宾客离开后,服务员要及时检查宴会厅或休息室有无客人遗留物品,如有,及时送还给客人,然后继续检查台面或地毯上有无燃着的烟头。

②按顺序收拾餐桌,并分类收拣餐用具,清点其数量。抹净餐台,打扫地面,将陈设物品归位摆好。

③宴会结束后,服务员应主动征求来宾或陪同人员意见,认真小结接待工作,以不断提高服务质量和服务水平。

④关好门窗,关掉所有电灯、电器,并带好门,然后离开宴会厅。

5.2 西餐宴会服务的程序设计及要求

西餐宴会服务环节与中餐宴会基本相似,但要求更加严格。它一般包括餐前准备、迎宾服务、席间服务和餐后收尾四个环节。

5.2.1 西餐宴会餐前准备

1)明确任务

接受预订的西餐宴会任务后,宴会厅负责人应了解清楚举办单位和宴会规格、标准、参加人数、进餐时间、生活特点、是否需要餐前鸡尾酒及有什么特殊需要等。以上情况了解清楚后,要召集服务人员开会,布置任务,研究完成任务的具体方法,提出完成任务的具体要求和注意事项,然后明确各服务人员的服务区域及岗位职责,并将责任落实到人。

2)拟定菜单

宴会负责人要根据宴会标准、来宾的要求、货源情况、技术设备情况等协助厨师开好菜单。菜单开出后,要征求宴会主办人的意见,如有不满意或改动要及时通知厨房。

3)布置和整理宴会厅

西餐宴会一般在单厅举行。开餐前应认真搞好宴会厅过道、楼梯、卫生间、休息室等处的清洁卫生,并认真检查宴会厅和休息室内家具陈设、灯具、麦克风、电器、冷暖设备等是否完好。如果发现问题,要及时进行整修和调换,然后按宴会要求进行摆设,装饰墙面、绿化等,以烘托宴会气氛,突出宴会主题。

4)准备开餐所用物品

小件餐具可根据菜单所列菜点、饮料等准备齐全。一般的宴会小件餐具每客至少准备三套,较高档的西餐宴会每客要准备五六套。除备齐每客必用餐具外,还要额外准备一定数量的备用餐具,以防个别宾客在特殊情况下换用。备用餐具一般占总数的1/10即可。台布、鲜花或瓶花可按台数准备;餐巾按客数准备,并要有一定的备用数量;小方毛巾则应按每客三条准备;烟灰缸、牙签筒、调味品架等公用具一般按四客一套准备。此外,还要根据要求领取酒水、辅助佐料、茶、烟、水果等。

西餐宴会的宴会小酒吧要按菜单配兑好鸡尾酒和其他饮料、酒水,需冰镇的酒品要按时冰镇好。瓶装酒水要逐瓶检查质量,并擦净瓶身。辅助佐料也要按菜单配制,调味瓶应注满并放在调味架上。调味架要擦净,糖缸、奶缸也要擦净装满。茶、烟、水果要按宴会标准领取,并且准备好开水和冰水。水果要经过挑选并洗涤干净,需去皮剥壳的要准备好工具。准备间则应根据要求备好面包盘、新鲜面包和黄油等。

5)餐台布置

西餐宴会无论大型或小型、多桌或单桌,都应根据宾客要求、餐厅形状及宾客人数等因素,决定采用何种台形及如何安排宾主席位。西餐宴会摆台一般采用全摆台,但更重要的是必须根据宴会预订菜肴的种类、道数、上菜程序及所用酒水、饮料的品种来决定使用哪些餐具、用具及酒杯,然后按要求进行餐台布置。

西餐宴会铺台布之前,一般先用毡、绒、塑料等软垫物按餐台尺寸大小铺在台面上,用布绳扎紧后再铺台布。宴会台布一般为白色,要求铺好后,四边下垂部分均匀,台面平整。如果餐台较大,需用数块台布拼铺,则宜两个人合作,从里向外铺设,使客人进门看不到接缝,并且台布的接缝要错开主宾就餐的位置。铺设完台垫、台布后,需用台裙围住餐台四周装饰餐台。台裙的颜色一般比台布颜色深,给人一种安全、稳重的感觉。要求铺设完的台裙上面与台面平行,下沿距地面 2 ~ 5 cm。

西餐宴会使用的餐具配备。假设菜肴内容为开胃品、汤、主菜(鱼、牛排)、色拉、甜晶,则每套餐具需要:汤匙,鱼刀、鱼叉,主餐刀、主餐叉,色拉刀、色拉叉,甜点匙、甜点叉,面包盘、黄油碟及黄油刀,垫盘,餐巾。摆放位置应以垫盘居中,餐巾折成盘花置于垫盘上。垫盘右侧自外向里分别是汤匙、鱼刀、主餐刀、色拉刀;左侧由外向里分别是鱼叉、主餐叉、色拉叉;垫盘上方为甜点叉、点心匙,匙头朝左,叉头朝右;色拉叉左侧摆放面包盘、黄油盘及黄油刀。摆放时,要按照从左到右、由内向外的顺序进行,一般刀口朝内,叉尖、匙面朝上。酒杯根据饮用顺序从左至右摆放成直线、斜线或弧线。

西餐宴会摆台所需要的公用具有调味品架、烟缸、牙签盅、烛台及插花等,一般按照四人一套摆设在餐台中央——客人能够拿取的位置。菜单按照每人一份摆在餐具的右侧,参加人数较多时可两个席位摆一份菜单。西餐餐具摆放不可用手直接抓,以免留下指纹,应使用托盘,并以干净的餐巾包着餐具摆放或者戴白手套进行操作。摆台全部结束后逐桌检查餐具、酒具是否齐全,位置是否合适,是否与上菜次序相符,各桌餐具是否整齐统一。

6)检查个人仪容仪表

上述五项工作按照要求准备就绪后,服务员要在宾客到来之前,整理好仪容仪表,并保持精神饱满,准备为客人提供热情周到的高质量服务。

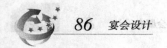

5.2.2 宴会的迎宾服务

1)热情迎宾

宴会开席前15分钟,宴会厅负责人应带领一定数量的服务员或迎宾员提前来到宴会厅门口迎候来宾。当来宾到达时,以上人员应面带微笑热情欢迎,主动打招呼问好,并礼貌地将客人引进宴会厅或休息室。

2)接挂衣帽

来宾进入宴会厅后,如果脱衣摘帽,服务员要主动接住挂在衣帽架上或存入衣帽间。衣物件数较多时,可用衣帽牌区别,衣帽牌每号要有两枚,一枚挂在衣物上,另一枚交给来宾作领取凭证。对重要的来宾则不可用衣帽牌,要凭记忆提供服务。接挂衣物时,应拿衣领部位,切勿倒置,以防衣袋内的物品掉出。对于档次较高的衣帽应用衣撑挂放,以免衣服打皱。

3)餐前鸡尾酒服务

在西餐宴会前半小时或15分钟,通常在宴会厅的一侧或门前酒廊设餐前鸡尾酒。宴前,当宾客陆续到达时,先到厅内聚会交谈,由服务人员用托盘送上鸡尾酒、汽水、饮料等请客人选用,茶几或小餐台上还应备有干鲜果品、鲜花等。主宾到达时,由主人陪同进入休息厅与其他宾客见面,随后由主管或经理引导客人进入宴会厅,宴会正式开始。

5.2.3 西餐宴会的就餐服务

①宴会前20分钟做好酒水的餐前准备,检查酒水质量、冰镇、温酒等。宴会前10分钟上齐开胃品,一般每人1份。有时也将开胃品集中摆放在餐桌上,由宾客自取或服务员分让。宴会前5分钟上齐面包和黄油。面包放在面包盘中,

注意客人的面包数量应一致，黄油盅摆在面包盘上方。因为面包作为佐餐食品，可以在任何时候与任何菜肴搭配，所以要始终保证客人的面包盘内总有面包。一旦盘子空了，应随时续添，除非客人表示不要。

②距开宴5分钟左右时，宴会厅服务负责人应主动询问主人是否可以入席，经主人同意后即可通知厨房准备上菜，同时请宾客入座。值台服务员应精神饱满地站在餐台旁。当来宾走近餐座时，服务员要面带微笑，热情问候客人，并主动拉开座椅请来宾入座。注意先为女士、主宾拉椅。

③待客人坐定后应收下席位卡，并为其打开餐巾铺好，然后托着装有各种饮料的托盘，逐一让客人选定需要的饮料，并为客人按照标准斟倒酒水。

④当客人准备用开胃品时，应斟倒相应的开胃酒，看到全体宾客都放下刀叉后，开始撤盘和刀叉。注意要从主宾开始，在每位客人右侧用右手撤下。

⑤上汤时汤盘下应加垫盘，从宾客的左侧把汤上到宾客面前。上汤的顺序是先女宾后男宾再主人，以下各道菜的上菜及斟酒顺序都是如此。上汤一般不配酒，宾客用汤完毕，即撤下汤盘、汤勺。

⑥上副菜前应先为宾客斟好白葡萄酒，然后上菜。副菜品种以海鲜、鱼类为主。宾客吃完副菜后要撤下餐盘、副菜刀叉及酒杯。

⑦上主菜(又称大菜)，一般配有几样蔬菜和沙司，此外还带有色拉。上主菜前应先为宾客斟倒佐餐酒——香槟酒或红葡萄酒，然后用大号餐盘盛主菜送上餐桌，用小号餐盘装色拉及沙司紧跟主菜上桌。用毕主菜后，要撤盘清台，即撤掉不用的餐具，换上干净烟缸，扫净面包屑等。

⑧上点心用的餐具要根据点心的品种而定，一般用点心匙和中叉。冰激凌则将专用的冰激凌匙放在垫盘内同时端上台。

⑨干酪一般由服务员分派。先用一只托盘垫上餐巾，摆上几种干酪和一副刀叉，另一盘摆上烤面包片或苏打饼干送到宾客左边，由宾客自己选用。吃完干酪应撤掉餐台上的餐具、酒具，水杯和饮料杯不动。

⑩上水果之前应先上水果盘和洗手盅，然后将已装盘的水果端至宾客面前，请宾客自己选用。

⑪如果席间上咖啡(很多宴会将此道程序安排在休息室进行)，则用咖啡壶斟倒，并在餐台中间摆好糖盅、奶盅，以及配用的小饼干或巧克力等。

⑫席间服务还必须注意巡台，及时满足客人的特别需求，如添加酒水、撤换烟灰缸、点烟、撤餐具等。撤盘时如果看到客人将刀、叉并拢放在餐盘一边，表示用餐完毕，可以撤盘；如果刀、叉呈“八”字搭放在餐盘的两边，则表示暂时不需撤盘。

⑬宴会接近尾声时,清点客人所用的食品、饮料,核对其他费用交收银员算出总账。当宴会主办人要求结账或宾客在休息室休息完毕时,及时为客人递上账单,提供结账收款服务。

⑭宴会席面服务基本结束,主人请宾客到休息室时,服务员应立即上前为其拉椅,再去开休息室的门请宾客到休息室就座,并提供相应的斟倒咖啡或酒品服务。如果客人离开餐厅,服务员应站在出口的一侧,热情欢送宾客,并欢迎宾客下次光临。

5.2.4 西餐宴会餐后结束工作

①当宾客离开后,服务员要及时检查宴会厅或休息室有无客人遗留物品,如有,及时送还给客人,然后继续检查台面或地毯上有无燃着的烟头。

②按顺序收拾餐桌,并分类收拣餐用具,清点其数量。特别是使用银器、金器等高级餐具更应注意分类收拣存放,以防丢失。然后抹净餐台,打扫地面,将陈设物品归位摆好。

③宴会结束后,服务员应主动征求来宾或陪同人员意见,认真小结接待工作,以不断提高服务质量和服务水平。

④关好门窗,关掉所有电灯、电器,并带好门,然后离开宴会厅。

5.3 主题宴会服务的活动设计

不同类型的宴会,为突出各自宴请的特点和氛围,达到宴请的效果,在进行服务设计时,服务的规格、隆重程度、要求都应有所不同。在这里,我们主要就商务宴会、亲情宴会的服务设计进行讲述。

5.3.1 商务宴会活动服务设计

商务宴会是宴会销售的一个重要方面。此类宴会主要是指各类企业和赢利性机构或组织为了一定的商务目的而举行的宴会。此类宴会的主办单位主要是各类企业和赢利性机构或组织等,所以宴会接待档次较高,而且对服务质量的要求很高。在此类宴会的组织和具体实施过程中主要注意以下几方面。

1）场地布置

（1）厅堂装饰突出宴会主题

厅堂装饰时要突出商务宴会稳重、热烈友好的气氛，所以装饰物的选择十分重要。在进行商务宴会的厅堂装饰时要求突出主办单位的特点，如悬挂红色横幅，横幅要贯穿宴会厅正面墙壁的左右，横幅上要写明主办单位名称及宴会内容。在布置时，选用绿色植物、鲜花或主办单位产品模型、图片来装饰厅堂。

在装饰物选择时，一定要注意宴会宾主双方的喜好及忌讳，尽量迎合双方共同的特点、爱好，表现双方友谊，使宴会在良好的环境中进行。

（2）台形设计及服务要求

在进行商务宴会台形设计时要突出主桌。宴会的主人、主宾身份一般较为尊贵，如企业老总、董事会成员等。主桌要摆在宴会厅居中靠主会台的位置，桌面要大于其他来宾就桌的桌面，在桌面的装饰及餐用具的选择方面，规格档次都应高于其他来宾桌。

根据餐别、用餐人数、宴会主办单位要求等来进行台形设计。服务人员要及时与厨房联系，控制好上菜节奏。

服务员要主动细致，善于察言观色，提供高质量的宴会服务。由于宴会的要求严格，故在选择服务员时最好选择熟手或业务素质较高的服务人员，以防在服务中出现失误。如有失误发生，宴会组织者一定要加以特别重视，妥善处理，尽量不要影响整个宴会的气氛。

2）商务宴会服务设计实例

商务宴会的服务方式很多，在这里就以某公司的周年庆典招待酒会为例加以介绍。该公司为了在公众心目中树立一个良好的形象，感谢全体职工，对外联络感情，宣传本单位的成就，提高社会知名度而举办庆典酒会。因此，宴会组织者必须要抓住主办单位举办宴会的这个最终目的，以此为中心组织实施宴会服务设计。

①以大量精美的照片及单位产品或模型来布置厅堂。可在宴会厅两侧墙壁设置专门的宣传栏和展示台来张贴、摆设照片、产品或模型。这样使宴会既招待了宾客又宣传了公司形象。在布置时要注意既突出宣传栏和展示台，又不可妨碍宾客用餐。

②酒会可设座或不设座，也可只设主桌安排贵宾就座。酒会期间只提供简

单小食而以供应酒水为主。食品台可根据场地选择一字形、T 字形、回字形等台形。酒水供应一定要充足,而且摆放要美观,大型酒会至少要设置两个服务酒吧。

③人员配备时要考虑以下人员:宴会厅入口处的迎宾人员;负责食品台和酒吧台的值台人员和调酒员;宴会中负责递送酒水、收撤杯碟的服务员;为主桌贵宾提供专门服务的服务员等。人员配备时人手一定要充足,服务过程中可将宴会厅划分成几个区域,每个区域设负责人,让每位参加酒会的宾客都能感受到周到的服务。

④在宴会预订时,就应与主办单位商定酒会程序,以方便厨房出品。服务员按程序提供服务。

a. 迎宾。迎宾员在酒会开始前半小时左右就迎候在宴会厅门口,为突出宴会隆重热烈气氛,可在宴会厅入口处摆设花篮,悬挂横幅,铺红地毯。宾客到来时,应热情迎接,请其在签到本上签名。并引领其进入宴会厅或休息室。

b. 开会。由酒会主持人宣布酒会正式开始,并请单位领导或贵宾讲话。讲话完毕可用分切生日蛋糕、即会开香槟酒等庆祝方式烘托公司周年庆典气氛。在宾主发言时,服务员要停止一切活动,站立在自己的岗位上,以示对宾主的尊重。祝酒时,服务员要及时用托盘为宾主托让酒水,保证人手一杯。

c. 会间服务。服务员各尽其责,做好酒水的调制端送、菜点的添加、空杯的收撤等服务工作。

d. 送客。酒会结束时,由迎宾员在宴会厅出口处列队送客。如公司有礼品赠送,可搭设礼品台,协助主办单位发放礼品。

5.3.2 亲情宴会活动服务设计

亲情宴会是由个人或私人团体为了增进亲情或友情而举行的家族庆典、朋友聚会的宴会活动。此类宴会与公务宴会、商务宴会不同,举行宴会完全出于个人需要,宴会费用也由个人承担。按传统分类方法,亲情宴会主要包括婚宴、寿宴、生日宴、满月酒宴、家宴、节日宴等。亲情宴会由于是由个人承办,目的也多为了喜庆、欢聚,所以宴会气氛较为轻松、融洽、热烈、活跃。在此类宴会的组织和具体实施过程中主要注意以下几方面。

1) 场地布置

①由于中国人讲究团圆、吉祥,所以在举办亲情宴会时,多选用中式宴会。在宴会厅的布置方面也应突出中国的传统特色。如根据我国“红色”表示吉祥

的传统，在餐厅布置、台面和餐具的选用上，多使用红色：红色的地毯、红色的台布、红色的幕布、红色的灯笼等，烘托出喜庆热烈的场面。

②在台形设计时，要考虑主桌的摆放。根据宴会规模的大小，摆放1~3桌主桌，安排贵宾、主家宾客就座。在安排宾客桌次时，必须与客人商定好，尽量将一家人或相互熟悉的宾客安排在同一桌或相邻桌。

③中国人在喜庆聚会时，往往喜欢离桌相互敬酒，在餐桌摆放时，要考虑餐桌之间的距离，留出宽敞的通道，以方便客人在桌间行走及方便服务员为客人提供相应的斟酒服务。

④为烘托气氛，抒发感情，在亲情宴会中往往会有宾客祝辞或即会表演节目。故应在宴会厅布置出主会台或留出活动场地，并提供相应的设备设施，如麦克风、卡拉OK等。

2）服务特别要求

①由于人们生活富裕，亲情宴会逐年增多，亲情宴会正成为酒店宴会销售的一个重要方面。为了促进亲情宴会的销售，酒店往往为宾客提供一些特别优惠，如：免费提供请柬、嘉宾提名册、停车位；自带酒水免收开瓶费等。服务员在服务过程中，一定要清楚哪些服务项目是免费提供的，哪些项目是客人自费的，以防出现差错而引起纠纷。

②服务员在服务过程中要大方得体，懂礼节讲礼貌。特别是在运用服务语言时，一定要注意宾客的喜好和忌讳。中国人在举办亲情宴会时忌讳不吉利的语言、数字，讲究讨口彩，服务员要灵活运用服务语言，为宾客提供满意的服务。

③由于宴会气氛较为热烈，故在宴会过程中往往会出现一些突发事件，如宾客醉酒，打烂餐用具，菜肴、菜汤泼洒等，服务员要沉着冷静，妥善处理好这些突出事件，如没有能力处理要立即汇报上级，请经理直接出面处理，防止事态扩大，影响整个宴会气氛。

3）亲情宴会服务设计实例

某家酒店的婚宴套餐服务设计

（1）凡惠顾满10桌或以上均可享有下列多项优惠服务。

①两日一夜住宿本酒店之蜜月套房，若延长住宿日期可获六折优惠。

②奉送两位自助早餐。

③奉送香槟1瓶及3个鲜果篮。

④奉送五磅大的结婚蛋糕1个。

⑤自带洋酒及葡萄酒，免收开瓶费。
⑥自带啤酒汽水，每会收开瓶费100元。
⑦免费提供车位20个。
⑧3小时豪华车连司机服务。
⑨主家会鲜花摆设。
⑩提供新婚伉俪花园及泳池摄影场地。
⑪提供新娘及新郎襟花。
⑫免收加台服务费。
⑬免收卡拉OK入场费及七折优惠。
⑭婚宴前或当晚可获订房六折优惠。
⑮订购本酒店蛋糕可获八折优惠。
⑯会价已包括中国茗茶及芥酱。
⑰提供婚宴请柬。
⑱精美嘉宾提名册1本。
⑲豪华中式礼堂布置。

(2)凡惠顾满20桌或以上均可享有下列优惠服务。(其优惠条件包括上面10桌应有的优惠条件)

①回门大红乳猪1只。
②免费享用会前什果宾治1个。
③自带酒水，免收开瓶费。
④每会奉送法国名贵红葡萄酒1瓶。
⑤婚宴当天向新娘赠送1束鲜花。
⑥精美结婚纪念礼品1份。

5.4 宴会酒水服务

5.4.1 宴会酒吧

1)酒吧的概念及其分类

酒吧一词，源自英文"bar"，意指销售酒水的柜台。后随餐饮业的发展，它逐渐成为一个专业术语，特指以销售各种酒水为主，兼营各种下酒小吃（小菜），供宾客洽谈生意、聊天、聚会消遣、娱乐的营业场所。

酒吧按其服务内容及其所担任角色的不同可分为内部供应酒吧（又称宴会酒吧，设在中西餐厅内，不设吧凳与吧台服务）、外部服务性酒吧（又称吧台酒吧，设吧凳与吧台服务）、综合性酒吧（设在咖啡厅、舞厅内，并提供小吃及各种冷热饮品的综合性酒吧）及鸡尾酒廊（独立门户，只提供酒水与小吃的酒吧）。

2）宴会酒吧的功能与设备配置

宴会酒吧是宴会酒水配制的工作场所和酒水服务的中枢。酒吧调酒师与服务员承担着宴会酒水的保管、储藏、配给、调制，宴会小吃、果盘、果汁的制作以及酒水杯具的清洗、消毒等多项任务。

宴会酒吧除了配置吧台、柜台、酒柜、糖、烟、酒与点心小吃展示橱柜、不锈钢操作台（带有循环洗涤槽、水池、制冰机、自动洗杯机、储冰柜及酒瓶风干架）、自动洗碟机、消毒柜、冷藏柜、搅拌机、榨汁机、生啤（揸啤）销售机、软饮料供应器、蒸气或电咖啡壶及其他厨房、电气设备与家具外，还拥有较齐全的各种杯具、盛酒器和调酒用具。

3）常用调酒器具的规格及用法说明

①调酒壶：为不锈钢制成的纺锤状壶，常见的有 250 ml，350 ml，530 ml 三种规格。

②调酒杯：为一厚玻璃杯，容量为 16～17 盎司（1 盎司 = 30 ml）。

③量杯：主要指的是不锈钢双头量杯；它一头小一头大，有 1/2 和 3/4，3/4 和 1，3/4 和 3/2 盎司几种规格，计量时应斟满至杯的边沿。

④量酒器：主要指的是标有标准刻度的玻璃量酒杯，规格从 7/8 到 3 盎司不等。

⑤调酒匙：为不锈钢制品，长约 10～11 英寸。

⑥压榨器：又称为山形压汁器，把横切成两半的柠檬或橙套在“山”上，边轻压边转动便可压榨出新鲜的果汁来。

⑦滤酒器：为不锈钢制品，圆形的过滤网，并附有用来固定其位置的两个耳形边。

⑧开塞器：又称开塞钻，为不锈钢制品；钻一般长约 2.25～2.5 英寸，直径为 3/8 英寸，中心是空的，有足够长的螺旋在旋入木塞后将其完全咬住以启（拔）出瓶塞。

5.4.2 宴会酒水的保管与储藏

1)酒精饮料的保管与储藏

(1)总的要求

刚买回来的酒因途中颠簸、震动的影响使得酒的分子处在活跃状态,应给它一个"醒酒期"(在温度适宜的酒窖里静放一段时间)再启用,这样酒的品质才会充分表露出来。

宴会酒吧为二级库管理,一般无须作"醒酒"处理,但领出后未用或用了一部分再收藏的酒品则另当别论。

入库的酒要验收,登卡记账,分类存放。酒的储藏年限、产地、进价、入库时间也要记录在案,便于分类管理。有些酒店对老顾客设有"代客保管酒水的业务",允许客人在交纳一定费用的基础上,将未喝完的酒交酒店(或餐厅)代管,下次光顾时再用。酒店、餐厅在接收客人所要代管的酒时,应在酒标上标注客人的姓名、剩余酒量及接收时间并加盖酒店的公章,加以妥善保管。特别要叮嘱调酒师注意不能误用。

酒必须选择在卫生、干净、干燥、避光、温度适宜并能得到控制的地方(最好是专门设计的酒窖)储藏,专人妥善看管。如香港君悦酒店,就有专门用来储藏蒸馏酒的酒窖及特制的、用于储藏葡萄酒、香槟酒的柜子,并设专人保管。

日常营业用的白葡萄酒、玫瑰酒、香槟酒要放在冰箱内储藏,以便随时以合适的口感提供给宾客品尝,但冷藏时间最长不能超过两个星期。

(2)贮存

①葡萄酒:应放在7~21 ℃(最好10~13 ℃)的阴凉酒窖中储藏。因为葡萄酒是一种有生命的酒品,装瓶后仍会不断地醇化;储藏在过低的温度中会使葡萄酒的成熟过程停止;过高的温度则会加快这一过程,缩短葡萄酒的寿命。另外,存放在酒窖或酒柜的葡萄酒最好将其平躺着放置,使软木塞浸润在酒液中,防止因其干缩让空气跑进去,从而缩短了酒的寿命,甚至使酒变质。

②蒸馏酒:瓶子大多需竖立置放,以便让瓶内酒液挥发,有助于适当降低酒精的含量,使酒的品质更加优秀。

③啤酒:应避光,直立,在8 ℃左右(黄啤酒在4.5 ℃左右中)储藏,注意啤酒的保质期只有3个月到半年。鲜啤酒的保质期只有几天,应现进(货)现售(用),最好不要超过一昼夜。严禁在冷冻(温度低于0 ℃)柜中存放啤酒,否则

会有啤酒瓶爆炸的危险。

2)非酒精饮料的保管与储藏

(1)总的要求

入库及交接班时要验收,点数进货或结存、记账(产地、等级、进价、入库时间要记录在案),分类整理、存放;要选择在卫生、干净、干燥、避光、温度适宜并能得到控制的库房或储藏柜内储藏,保管要责任到人。FIFO(先进先出)也是非酒精饮料领用所要贯彻落实的一个基本原则。超过保质期的饮料绝对不能再用。

(2)贮存

①乳品饮料:因其在室温底下容易变坏,故应将其冷藏(4 ℃左右),且时间不宜过长;使用鲜牛奶时,进货量应控制好,做到只用每天的新鲜奶。此外,因乳品易吸收异味,冷藏存放时应严格包装,并与有挥发性、刺激性的食品隔离开来。冰激凌应在 -18 ℃以下的温度冷藏保存。

②茶叶:易受潮发霉,吸收异味;阳光照射会破坏茶叶叶绿素,使茶叶变色。因此,最好用双层盖的马口铁茶叶罐来存放,而且要装满(罐内空气少利于保存),盖紧罐盖并用胶布封贴罐口。

③果汁:打开用过后又要储藏,一定要盖好瓶盖、拧紧并冷藏。

④汽水:严禁在冷冻柜中存放;否则,会有汽水瓶爆炸的危险。

5.4.3 宴会酒水服务的基本程序和技巧

1)上酒水

从吧台那里取酒水时应使用托盘(酒立式置放)或特制的酒篮(酒卧式置放,冰桶冰镇),并在酒瓶下垫上一块干净的餐巾。上酒水一般从客人的右侧斟酒。

2)示标与开瓶

示标是斟酒服务的第一道工序。具体做法是服务员站在点酒客人的右侧,左手托瓶底,右手扶瓶颈,酒标朝向客人,让其审核、确认是他所要点的酒。有时候,客人并不懂酒,也不会识标,但执行这道工序仍可用来表示对客人的尊敬,增添酒水服务的专业感。

开瓶是斟酒服务的第二道工序,最好是当着客人的面、使用合适的开瓶器来开。开瓶时要尽量减少酒瓶的摇晃,香槟酒、啤酒要特别防止突爆声和过多泡沫的产生。葡萄酒、香槟酒在拔出瓶塞后,要利用"嗅瓶塞"来嗅辨酒的质量是否有问题。开启瓶塞后,要用干净的布巾擦拭瓶口,注意不要将瓶口的灰尘带入酒中。在客人面前开启香槟酒或啤酒时,应将开口对着自己并用手遮挡,以示礼貌并防止酒的气泡喷到客人的身上。开启后一次未斟完的酒,瓶可留在餐桌上,放在主人的右手一侧。而空瓶与开启后的酒瓶封皮、木塞、盖子则要及时收回。

为避免开瓶时发出巨大的声音,以及酒液的溢出,香槟酒开启之前要事先冰镇。开启时先在瓶上盖一块餐巾,左手斜拿酒瓶,大拇指压住塞顶,用右手扭开铁丝,然后握住塞子的帽形物,轻轻转动上拔,靠瓶内气体的压力和手的力量把瓶塞拔出来。开启后要及时用干净的餐巾擦净瓶身和瓶口。

国外有些高层次的宴会采用"试酒"的做法来替代普通宴会两阶段的"示标"与"开瓶"做法。其具体的做法是,在给主人示标后,当着主人与客人的面开瓶,后先倒一小杯酒给主人嗅辨酒香与口味,在得到主人初步认可后将酒端去给主宾呷一口试口味,在得到主人与主宾的一致赞同后再开始斟酒。

3)斟酒

(1)位置与姿势

斟酒的服务员应站在客人的右后侧,身体微向前倾,但不能贴靠客人,右脚伸入两椅之间,右手握酒瓶的下半部,左手持托盘(应平稳地悬于椅子外面)或餐巾,将酒瓶商标标识朝向客人斟酒以让客人知道斟的是何种酒,每斟完一杯酒水最好用餐巾擦一下瓶口,避免酒液滴在餐桌或客人身上。

(2)斟酒的顺序

中餐宴会斟酒的顺序按先男主宾、女主宾,再主人的顺序顺时针方向依次斟倒。西餐宴会的斟酒顺序依次为:女主宾、女宾、女主人、男主宾、男宾、男主人。

(3)斟酒量

西餐宴会酒水的斟酒量详见西餐酒水载杯的使用说明。中餐宴会酒水的斟酒量不像西餐那样有严格的规定,一般的标准是啤酒、软饮料斟至八分,白酒、高度酒用小酒杯斟1/2~2/3杯,黄酒、果酒用红葡萄酒杯斟1/2杯,用白葡萄酒杯斟2/3杯。中餐宴会用洋酒的斟酒量则视不同的品种,参照洋酒的载杯及其通常的斟酒量标准来定。

(4)其他应注意的事项

①斟酒时瓶口不可搭在杯口上,要注意手握酒瓶的倾斜度以控制酒流出的速度和流量,每斟完一杯酒时应旋转瓶身并逐渐抬起瓶口(俗称“收”),避免酒液滴在餐桌上。

②啤酒、香槟酒泡沫较多,斟酒速度要慢一点,甚至可以分两次来斟;斟酒时让酒沿杯壁缓慢流下或先冰镇后再用,都可以减少斟酒溢流出的泡沫。

③中餐重要的或大型的宴会在宴会正式开始之前,应先将烈性酒和葡萄酒斟好;西餐宴会应先斟酒后上菜。

④盯台的服务员应及时给客人添加酒水,给主人与主宾特别的关注。

4)鸡尾酒服务

西餐宴会、自助餐酒会常提供鸡尾酒服务,它可以为宴会增添许多情趣。

(1)调制鸡尾酒的基本原则

①鸡尾酒载杯应事先洗净、擦亮,使用前需冰镇。

②必须按配方、按规定的调配步骤下料;按程序逐步调制。

③量酒时必须使用标准的量酒器来计量。

④现“调”现用,搅拌时间也不宜过长;要尽量避免因冰块溶化过多淡化了鸡尾酒的口味。

⑤混摇时要快速有力,酒水混合、酒霜(杯口酒细沙糖或盐)都要力求均匀。

⑥必须使用优质的酒水原料来制作,使用新鲜的冰块与水果装饰来搭配。

⑦水果压榨果汁前应先热水浸泡,以便能挤出更多的果汁。

⑧使用蛋清来增加酒的泡沫时要用力摇匀,否则浮在表层、相对集中的蛋清会有腥味。

⑨调酒的动作要规范,干净利落,自然优美;操作时要注意安全。

(2)鸡尾酒调制的基本方法

①摇动法:在调酒壶中先放入冰块,接着按配方依次放入各种原料(基酒最后加入),然后用手摇动调酒壶来制作。

②直接调制(搅拌)法:先将冰块放入调酒杯中,接着按配方放入所需的各种材料,然后用调酒棒插入杯中快速摇匀,直至杯身出现冰冻的水珠或握棒的手感到冰凉时为止。

③电动搅拌法:先将冰块放入调酒杯中,接着按配方放入各种材料,然后使用电动搅拌机进行搅拌制作。此法主要适用于搅拌鸡蛋、水果或分量较大的鸡

尾酒。

④飘浮法:调酒时,按各种酒水密度大小的不同,从大到小依次沿匙背或调酒棒徐徐倒入酒杯中,使鸡尾酒出现不同颜色、层次分明的视觉效果。如著名的鸡尾酒“七色彩虹”,就必须用此方法来制作。采用漂浮法制作鸡尾酒时,要注意温度、糖度会对酒水密度产生一定的影响。

⑤综合法:在实际操作中,有时会碰到需要将上述几种调酒方法联合起来使用的情况,这就是综合法。

鸡尾酒的调制也是一种“cooking show”(现场烹饪表演),故要求调酒师和酒吧服务员要有良好的仪表仪容、和蔼的服务态度、熟练的调酒技术及招待宾客的能力;调酒时要注意动作的规范、美观,姿势不能做作,动作幅度不要过大,调酒用具不用时应及时清洁好并放回原位,以随时保持宴会吧台的整洁。鸡尾酒的调制与服务不仅仅是一个调酒师和酒吧服务员的简单工作而是一门艺术。一名称职的调酒师的工作可与一名主厨的工作相媲美,像依照菜谱烹制出佳肴一样,调酒师可根据配方调制出令人兴奋的美酒。调酒师与酒吧服务员还肩负着管理职责,他们必须以职业标准以及与宴会环境相适应的风度为客人服务,要成为一个好的调酒员和酒吧服务员,就要研究比如何调制饮料多得多的学问。

5)酒水服务的其他要求

①中国白酒与药酒一般都是净饮,不与其他酒掺兑,用容量较小的酒杯来斟酒。

②黄酒最好加温后再提供给宾客佐餐饮用;在征得客人同意的情况下,黄酒在加热过程中可加入少量的姜片、话梅、红糖等调味品以提高口感。

③威士忌、伏特加、朗姆酒、金酒一般须加冰块冰镇饮用;而香槟酒最好先整瓶埋入盛有大量冰块的冰桶冰镇后才提供给客人饮用。

④饮用白兰地酒务必使用白兰地杯,且不能加冰块冰镇。

⑤饮用鸡尾酒务必使用高脚的鸡尾酒杯,以避免手温影响鸡尾酒原来的冰冻效果。

⑥果汁、水果拼盘要采用新鲜、质量较好的水果来做,且现(场)做(制作)现用。

⑦鸡尾酒必须严格按照配方与调制方法来制作,现调现用。

⑧冲煮咖啡浓淡要适宜(标准用量每杯 11 g),冲泡时间要尽可能短;煮咖啡的温度应在 90 ~ 93 ℃,煮好后应使用陶瓷的咖啡杯来装,并马上送给客人。

⑨泡茶茶具在使用之前要洗净、擦干;茶叶冲泡时,八分满即可;当杯中水已

去一半或 2/3 时要给客人添茶水;在宴会服务时,服务员看到客人将茶壶盖半搁在茶壶上时,应及时向茶壶内加热开水。

思考与练习

1. 如果你是餐厅经理,针对不同主题,如何进行中餐宴会服务的分工和安排?

2. 中西餐宴会在服务程序上要掌握哪些注意要点?

3. 尝试设计主题宴会事例(主题自选)。

4. 结合实际,谈谈不同宾客对鸡尾酒的需求和款式选择。

小知识链接

古今上菜原则

清代袁枚的《随园食单》曰:"上菜之法,咸者宜先,淡者宜后,浓者宜先,薄者宜后,无汤者宜先,有汤者宜后。度客食饱则脾困矣,需用辛辣以振动之;虑客酒多则胃疲矣,需用酸甘以提醒之。"而现代人在古人的基础上总结出上菜的原则是:先冷后热,先菜后点,先咸后甜,先炒后烧,先清淡后肥厚,先优质后一般。

古代酒令

即一种增添情趣、活跃气氛、促进宾主情感交流的助兴佐酒游戏。古代有四大类:雅令,即文雅的酒令,凡即席构思,即兴创作诗词曲文,分韵联句,咏诵古人诗词歌赋,引经据典等都属此类。筹令,即使用酒筹的酒令,行令时轮流抽取酒筹,按酒筹上的要求进行活动或饮酒。古令,指明代以前的酒令,由于年代久远,时过境迁,很少使用。通令,即通俗、通行的酒令,如猜拳、猜子等,至今仍然盛行。

第6章 宴会环境设计

【学习目标】

通过本章学习，要求学生了解宴会厅气氛的分类，理解光线、色彩在宴会厅应用中的知识，理解挂件在不同宴会厅的布置方式。

【知识目标】

要求学生了解和熟悉宴会环境氛围，理解光线、色彩、音乐、挂件等在宴会环境中的作用。

【能力目标】

提高和培养学生理论联系实际、学以致用的能力，能根据不同的宴会厅，对其进行环境氛围、音乐、色彩、照明装饰等全方位的环境设计，满足不同顾客的心理需求。

【关键概念】

气氛　外部气氛　内部气氛　有形气氛　无形气氛　背景音乐　音响　光线　色调　书法　绘画　挂屏　壁饰　工艺摆件

问题导入：

酒店能否吸引顾客，并给顾客留下深刻难忘的印象，与就餐环境有着密切的关系。俗话说："好环境吃出好心情"，宴会厅环境的好坏，会直接影响顾客的选择和情趣。随着社会的发展进步，人们的饮食观念发生了很大的变化，大多数人用餐与否，都是以周围环境为第一选择的。优美宜人的用餐环境，能使顾客产生认同感和舒适感，并使顾客产生和保持积极的情绪。例如肯德基全球推广的“CHAMPS”冠军计划即标准化服务，是肯德基取得成功业绩包括中国市场在内的精髓之一。其内容为：C：Cleanliness 保持美观整洁的宴会厅；H：Hospitality 提供真诚友善的接待；A：Accuracy 确保准确无误的供应；M：Maintenance 维持优良的设备；P：Product Quality 坚持高质稳定的产品；S：Speed 注意快速迅捷的服务。其中整洁优雅的就餐环境是他们制胜的重要法宝。一进肯德基宴会厅，就会给人色彩亮丽、窗明几净、耳目一新的感觉，使就餐者身心愉悦，心情放松。卫生条件同样令人啧啧称赞，肯德基的宴会厅设备呈系列化，并严格消毒，炊具均为不锈钢制作，绝不会让顾客为卫生问题而担心。在用餐过程中，只要有一处弄脏了，侍应生很快会打扫得干干净净，连厕所的清洁卫生，也搞得一丝不苟，怎不叫人赏心悦目呢？

6.1 宴会环境氛围要求

宴会的环境氛围是宴会设计的一项重要内容。环境氛围设计直接影响宴会对顾客的吸引力与感染力，关系到宴会活动的成败。宴会经营的实践证明，很多宴会之所以不受到顾客的青睐，就是因为没有进行环境气氛的最优化设计。认真地研究宴会环境气氛的设计及其相关的因素，对搞好经营，必然有一定的现实指导意义。

6.1.1 宴会气氛的基本概念

宴会气氛是指一定的环境给人的某种强烈感觉的精神表现或景象，就是在宴会进行过程中顾客或用户所面对的环境。宴会的气氛包括两个主要部分：一种为有形气氛，另一种是无形气氛。其中有形气氛的设计是宴会厅气氛设计的核心部分。要想达到良好的有形气氛设计，使顾客感受到安静舒适、美观雅致、柔和协调的艺术效果与艺术享受。通常要考虑如下几项基本内容。

(1)外部气氛

指宴会厅所在酒店的位置、名称、建筑风格、门厅设计、周围环境和停车场等方面的因素。设计要反映出该酒店的种类、档次、经营特色，同时还要考虑对顾客的吸引力。外部气氛要与内部气氛相辅相成，共同构成宴会厅的整体气氛。通常在决策建造时由设计师、建筑师来完成。

(2)内部气氛

指宴会厅内部以及宴会厅周边的环境，包括餐桌家具的选用、场地布置、各式宴会台面设计、花台设计、服务设计等客人能感受到的有形与无形的气氛。

(3)有形气氛

如宴会厅面积、餐桌位置摆设、花草景色、内部装潢、构造和空间布局等方面。它是宴会厅整体设计的重要组成部分。

(4)无形气氛

如服务人员的态度、礼仪、能力以及让顾客满意的程度等。有形的气氛要依靠设计人员和管理人员的协作，无形的气氛主要是靠全体员工的共同努力来创造。

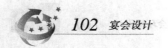

6.1.2 宴会气氛的作用

气氛是客人十大需求中的重要一项，宴会厅有形气氛是宴会厅整体设计的重要组成部分，有形气氛设计的优劣对顾客有很大的影响，从而直接关系到酒店经营的成败。

①宴会厅有形气氛与宴会厅的其他设计工作共同组成一个有机的整体，反映宴会厅经营的主题思想。

②宴会厅气氛的主要作用在于影响消费者的心境。所谓心境就是指顾客对组成宴会厅气氛的各种因素的反映。优良的宴会厅气氛能给顾客留下深刻的印象，从而增强顾客的惠顾动机。

③宴会厅气氛设计是占有目标市场的良好手段。顾客的职业、种族、风俗习惯、社会背景、收入水平和就餐时间以及偏好等因素都直接影响宴会厅的经营。宴会厅气氛设计既要考虑消费者的共性，又要考虑目标市场消费者的特性。针对目标市场特点进行气氛设计，是占有目标市场的重要条件。

④宴会厅的气氛能影响消费者的行为，从而加速或延缓顾客就餐的时间。

总之，宴会厅的气氛对宴会厅经营的影响是直接的。要想进行优良的气氛设计，就要考虑“舒适”这一标准。由于“舒适”的含义是抽象的，况且不同的顾客对“舒适”又有不同的标准，因此，要想达到“舒适”就必须深入了解顾客的心理因素。

综上所述,宴会厅的气氛是宴会厅设计的重要任务。要想达到优良的气氛设计,必须深入研究目标市场以及各种因素对顾客心绪和活动的影响,同时还要注意这些因素之间的相互联系。宴会厅管理人员必须与设计师、建筑师和顾客密切配合,共同创造出一种理想的宴会厅气氛。

6.2 宴会声光设计

6.2.1 宴会声音环境的设计

1)背景音乐

在宴会厅中,每天都有大量的顾客流动,这不可避免地产生各种声音:顾客的脚步声,顾客间的交谈声,顾客与服务员的问答声,用餐的餐具声……这些声音与店内的有些嘈杂声音、店外人流车马声交织在一起,汇聚成一片令人心烦意乱、注意力分散的噪音。为了消灭噪音污染,创造"宾至如归"的气氛,真正使顾客获得"家"一样舒适、安宁的感觉,改善顾客的心绪和用餐环境,优雅适宜的音乐起到了关键性的作用。音乐给人以美的享受,不仅能减弱噪音,而且能以悦耳的旋律,让宴会厅环境变得柔和亲切,使顾客趋于安定轻松。

(1)音乐的选择

①西洋音乐:在我国,大力引进西洋音乐是在改革开放以后。西洋音乐代表一定的西洋文化,可以使人的心灵在优美的音乐中得到放松,情绪得到陶冶,调剂身心,得到美的享受,因此受到顾客的欢迎。西洋音乐的演奏需要的人数较少,如钢琴演奏只需一人,小型乐队只需 3 ~5 人。表演的场地可大可小。宴会厅中引入西洋音乐要求宴会布置具有西方特色,并能体现一种高贵、优雅的情调,才能达到宾客追求的那种气氛。西洋音乐一般包括:a. 轻音乐:轻音乐起源于歌剧,在19 世纪盛行于欧洲各国。轻音乐结构短小、轻松活泼、旋律优美,并通俗易懂,富有生活气息,易于接受,它能创造出一种轻松明快、喜气洋洋的气氛。b. 爵士乐:爵士乐起源于美国,具有即兴创作的音乐风格,表现出顽强的生命力,给人以振奋向上的感觉,爵士乐常有萨克斯管手配合小型乐队演奏。这种较为强烈的音乐常常在露天花园式宴会或游船宴会中演奏,它能激发赴宴客人的情感,创造出兴奋感人的场面。

②民族音乐:我国的民族音乐具有悠久的历史,种类繁多,不但受到国人喜爱,而且深受国外客人的欢迎。目前宴会中被广泛使用的民乐曲目主要有"塞上曲""梅花三弄""十面埋伏""百鸟朝凤"等。我国民族音乐的演奏乐器众多,有琵琶、二胡等,可一个人演奏,也可多人演奏。表演的场地要求较小,人员可多可少,多则10人,少则1人。对场地的要求也不高,如场地较小时可进行琵琶独奏,场地大时可进行多人合奏。有民族音乐演奏的宴会厅,其主体环境多以中国民族特色来装饰。

(2)音乐的选择要求

音乐是就餐时不可缺少的助兴工具。一桌丰盛的佳肴,如果配上优雅舒适的音乐,会使宴会活动锦上添花,给顾客带来美的享受。因此选择适宜的音乐显得尤为重要。

①音乐选择要与宴会主题相一致。不同类型的宴会在选择音乐佐餐的表现形式和作品内容时,应根据其主题风格及环境气氛营造的具体要求来确定。不同的音乐具有不同的感染力:情侣出入的咖啡屋、情人节的宴会厅、婚宴场面等,播放情意绵绵的爱情歌曲最为适宜;快餐店中明快的乐曲能促进顾客加快用餐的速度;庆祝晚宴上,播放热烈欢快、悠扬柔慢的乐曲使人感到心情舒坦、精神振奋……

②音乐选择要满足与宴者生理舒适的要求。音乐可以直接影响人的情感活动和生理机能运动。"分量"太重的乐曲,如迪斯科、快爵士乐等节奏强烈的乐曲,与人进餐时的生理节奏"反差"太大,不利于饮食健康,因此,不宜作宴会乐曲。如海顿交响曲和四重奏、莫扎特的钢琴协奏曲、肖邦的夜曲等,音乐极为抒情,富于委婉交心的亲切感,音乐变化也不大,使人精神舒畅、松弛,是理想的宴会伴奏乐曲。我国历史悠久的古琴曲、江南丝竹乐合奏曲,音乐平和、优雅,也是上佳的宴会伴奏乐曲。

③音乐选择要符合宴饮者的欣赏水平。受文化程度、职业影响,音乐欣赏水平各不相同。如在一场以农民为主的宴会上播放海顿的交响曲或莫扎特的钢琴协奏曲,与宴者肯定不会对这种陌生的音乐产生情感的共鸣。如换上一段中国传统名曲或地方戏曲,说不定与宴者还会伴随着优雅的节奏哼上几句。接待外宾的宴会安排吕剧、庐剧、豫剧等地方戏曲音乐,外宾肯定会被这陌生的音乐搅得心绪紊乱,不知所云。

④音乐选择要与宴饮环境相协调。宴会装修风格有古典式、现代式、民族式、中西结合式等。古典式宴会配古典名曲,如《阳关三叠》《春江花月夜》会给

人以古诗一般的意境美。民族式宴会，如云南傣族风味宴会配上云南民间乐曲，使人感受到神秘的西双版纳气氛。西洋式、中西结合式宴会的音乐设计，要依特定的意境加以选择。特殊主题风格的宴会，应配以特殊主题风格的音乐。如"红楼宴"播放《红楼梦》主题音乐，"毛氏菜馆"，听到的是《东方红》《浏阳河》等。

⑤注意乐曲顺序的安排。国宴演奏的乐曲分为两大类：一是仪式乐曲。常用的有《中华人民共和国国歌》《团结友谊进行曲》。欢迎来宾步入宴会厅时演奏《欢迎进行曲》，欢送主宾退席时演奏《欢送进行曲》。二是席间演奏乐曲。采用《花好月圆》《祝酒歌》《步步高》《友谊中的欢乐》《在希望的田野上》《歌唱社会主义祖国》等。在为外国政府首脑访华举行的宴会上，仪式乐曲中还应奏客方国歌，席间乐曲则交替演奏宾主两国乐曲。宴会上演奏的乐曲要热情、优美、欢快、抒情，而且音量适中，使宾主既能听到乐曲又不影响交谈。

(3)音乐的作用及注意事项

①音乐与服务员。音乐可直接提高服务员的工作效率，使服务员精神焕发、热情洋溢。在宴会厅开饭前，先播送几分钟幽雅恬静的乐曲，使服务员从繁忙的劳动中或上班路途跋涉的辛劳中摆脱出来，走进宴会厅，优雅舒缓的轻音乐，能使工作人员精力充沛、心情舒畅地投入到一天的紧张工作中。

②音乐与顾客。音乐能消除顾客的戒备心理，使顾客进入悠闲自得的轻松用餐心态的环境中，并与经营者产生共鸣。音乐具有促销的潜在功效。

③音乐佐餐从其功能性方面分析，具有调整情绪、舒缓精神压力、解除身心疲劳、恢复精力体力的功效。音乐佐餐从其艺术性方面分析，它是营造宴会厅环境和气氛的重要因素之一，属于空间造型艺术。在宴会厅音乐的氛围中，人的思绪或精神不期然地跟随旋律的起伏跌宕，浮想联翩，在情感上打破密闭的餐饮空间。

④在运用音乐时，音量调节必须适当，音量过大会适得其反，过小则不起效果。一般以顾客和服务员听见为宜，不影响顾客的交谈。

总之，据现代的研究已经证实，音乐确实对顾客的活动有一定的影响。明快的音乐会使顾客加快就餐；相反，节奏缓慢而柔和的音乐会给顾客一种放松、舒适的感觉，从而能延长顾客的就餐时间。因此，不同种类的宴会厅要根据具体需要进行不同的背景音乐设计。

2)音响设置

音响是指宴会厅里的噪音和音乐。噪音是由烹饪、空调、顾客流动和宴会厅外部环境所造成的。不同类型的宴会对噪音的控制有不同的要求。一般宴会厅的噪音不超过50分贝,空调设备的噪音应低于40分贝。

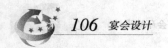

目前音响市场上供应的音响设备基本上有整体型和分散型两种类型。整体型是指整个音响系统的所有部件都是统一的,比如CIX-610,CLK-1500,价格一般在3万~5万元人民币,其中包括一架多制式录像机、麦克风和功放扩音器。分散型是由宴会厅自己配备麦克风、扩音器等,效果较前种稍差。如卡拉OK音响设备,它是娱乐的基础,客人的歌声通过音响设备的处理,歌声会变得比原来更圆润、柔和,这就起到了卡拉OK音响设备的真正作用。所以音响设备设置得是否恰当对娱乐效果是非常重要的。在选择配备卡拉OK设备时应注意该设备对声音的保真效果,使前置部分和后置部分能保持协调状态。应注意的是,有卡拉OK的宴会厅,餐桌的布置应同时考虑到既方便客人进餐,又能进行娱乐两方面的需要,并要保持良好的通风环境。卡拉OK设备要定期由专门人员负责检查、修理,确保其能正常工作。而干燥、通风良好的现场是卡拉OK设备工作的最好的环境。

6.2.2 宴会光环境的设计

光线具有神秘的力量。宴会厅需要充足诱人的照明,不同的宴会厅场景需要不同的光线,以突出其雅、静、幽、亮等不同的特色,使各式宴会厅更具有吸引力,并为顾客提供一个乐而忘返的舒适环境气氛。缺乏良好的光线,再美的宴会厅及艺术布置也将徒劳无益。

1)光线的种类

光线是宴会厅气氛设计首先要考虑的关键因素之一,因为光线系统能够决定宴会厅的格调。宴会厅使用的光线种类很多,如自然光、烛光、白炽光、荧光以及彩光等。不同的光线有不同的作用。

(1)烛光

是宴会厅传统的豪华光线,它源自于西餐的餐台布置。这种光线的红色光能使顾客和食物都显得漂亮,尤其对红葡萄酒来说更能体现出它的晶莹剔透。它比较适用于朋友聚会、恋人会餐、节日盛会等。

(2)白炽光

是宴会厅使用的主要光线。这种光线最容易控制。食品在这种光线下看上去最自然。而且能按照需求自由调节光线的明暗,略暗的光线能增加顾客的舒适感。

(3)荧光

是宴会厅必须谨慎使用的光线。这种光线经济、大方,但缺乏美感。因为荧光中蓝色和绿色强于红色和橙色而居于主导地位,从而使人的皮肤看上去显得苍白、食品呈现灰色,在使用中可与白炽光结合使用,使荧光照射在餐桌的外围部分,白炽光照射在餐桌的中心部分。

(4)彩光

是光线设计时应该考虑到的另一种因素。彩色的光线会影响人的面部和衣着,红色光对家具、设施和绝大多数的食品都是有利的;绿色和蓝色光通常不适于照射顾客;桃红色、乳白色和琥珀色光线可用来增加热情友好的气氛。在大型宴会厅中合理地使用吊在天花板上的舞台彩色射灯光线,按不同的时机来经常改变光线颜色,能起到烘托气氛的作用。

(5)自然光

在太阳光下,人们的视觉最感舒适,食品的色泽也最自然。因此,有条件的酒店可多开些宽大明亮的玻璃窗、天窗或用透明材料做屋顶以便采集自然光线。采用自然光的方式,经济实用且可将蓝天、白云及窗外的景物纳入店内顾客的视野当中,将人与自然景物联系在一起,打破了人置身于六面体的窒息感,使店内空间得以扩展丰富,创造出优雅的自然情趣。

(6)人造光

在多层建筑内、在阴雨天、在店堂深处及夜间营业的宴会厅,自然光线无法满足需求时,允许引入人造光的映衬。与自然光相比,人造光具有丰富的变化性,五颜六色的彩光和变幻无穷的动感光,根据不同的宴会厅随用随取。

(7)装饰照明

宴会厅卖场的装饰照明,目的主要在于强调宴会厅的装饰效果,多采用壁灯、吊灯等造型别致、光线美丽的灯具。装饰照明能美化宴会厅、展示形象、渲染气氛,从而为顾客提供恰到好处的用餐环境和用餐心情。在灯光设计方面,需与宴会厅内外环境相结合,且不可过分突出灯具而喧宾夺主;灯具布置以简朴、实用、美观和气氛渲染为主,而不能随意滥用灯具,造成繁杂零乱感而影响宴会厅卖场形象。

2)光线的强度

不论光线的种类如何,光线的强度对顾客的就餐也有影响。昏暗的光线会延长顾客的就餐时间，而明亮的光线则会加快顾客的就餐。灯具齐全、豪华、美观、完好，灯光气氛突出宴会厅气氛。但是在宴会厅的每个点面上，照度不能低于60 lx，自然采光照度不低于100 lx，台灯或烛台清洁，灯可变化调节，以形成不同的宴会气氛，如表6.1 所示。如结婚喜宴在新郎、新娘进场时，宴会厅灯光调暗，仅留舞台聚光灯及追踪灯照射在新人身上，新郎、新娘定位后，灯光调亮，新郎、新娘切蛋糕时，灯光调暗，仅留舞台聚光灯。灯光的变化始终围绕婚宴的主角——新郎、新娘。

表6.1　酒店推荐照度表

高档酒店部门名称		推荐照度（lx）	一般酒店部门名称	
门厅 收款处	—	1 500	—	—
		1 000		
		750		
台阶、正门、宴会客房写字台	宴会厅	500	多功能厅 总服务台	
		300		大门厅 宴会厅
宴会厅		200	宴会厅、休息厅、小卖部、网球场	
	大厅	150		
更衣室、客房走廊、楼梯、浴室	洗手间	100		酒吧、高级宴会厅、游艺厅、会议厅、游泳池
	庭院的重点区域	75	宴会 客房卫生间	
—		50		客房、电梯厅、台球房、健身房
	—	30	洗手间、衣帽间、车库	
		20		过道、库房、冷房
		15	储藏室、楼梯间	
		10		—

3）光源的选用原则

（1）节能原则

应尽量选用光效高、寿命长的光源，选用大功率的节能光源，做到节能、高效。

（2）舒适原则

由于各种光源颜色不同，所产生的环境气氛及效果会截然不同。不同的光源色彩会使人在冷暖、远近、感情等心理因素上产生不同的效果。光源的颜色应与建筑物的功能相协调，或采用冷色光，创造宁静的气氛；或采用暖色光源营造热情的气氛。同时也应考虑地理纬度，寒冷地区宜采用暖色光源，而炎热地区宜用冷色光源。

(3)适用原则

应考虑用显色性好的光源，对某些显色性要求高的区域应选用显色指数大于85的光源。为了改善光色，还可采用多种不同类型光源的混合照明，同时应考虑光源所适用的环境条件。有些光源的使用常常受到环境条件的限制，如温度、湿度、空调及冷负荷等。

酒店的宴会厅一般都配有很多的照明设备，其灯光设计作为宴会厅设计的重要组成部分，它主要是运用灯光的明暗、色彩和光线的分布创造出背景和场景的各种光线组合，增强舞台和演出的效果。灯光的恰当变换与音乐节奏一样，能让人的情绪和心理密切追随舞台情节的发展，这样就达到了吸引客人、创造气氛的效果。

6.3 宴会色彩设计

6.3.1 色彩的基础知识

1)色彩的种类

色彩是光线照射在物体上，由物体反射光所形成，除灰白黑为无彩色外，金银则称独立色。色彩可归纳为：

三原色：红、黄、蓝。

二次色：三原色之间的颜色，如橙色、绿色、紫色。

三次色：三原色与二次色之间的颜色，又称再间色，如红橙色、黄绿色、蓝绿色、蓝紫色等。

2)色彩的要素

①色调：又称色相，用以区分色彩属于何种色相，如红色调、蓝色调。

②明度：又称明暗，指明亮的程度，任何颜色加白色的量越多则越明亮，加黑色越多则越暗。

③彩度：又称纯度、饱和度或浓淡，是区分色彩鲜艳浓淡的程度，任何颜色不加黑白或水，其彩色度越高，反之则彩色度越低。

3)色彩的象征

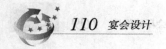

色彩对人的心理产生重要作用,不同的年龄、性别、风俗习惯,对色彩的喜爱不同,偏好不同。

色彩可综合分为12个色系。

漂亮——亮粉红色、奶油色。这些色令人觉得可爱、天真。

轻快——原色、黄色、橙色。这些色令人觉得轻松、快活。

充满生机——红色。这类色彩令人觉得强烈、大胆。

罗曼蒂克——柔和的粉红色系。

暖和、自然——米色系。这些色令人觉得温柔、朴素。

优美——玫瑰色、淡紫色令人觉得雅致、优美。

清爽、自然——嫩草色,令人觉得淡雅、爽快。

时髦——褐色系、蓝色。这些色令人觉得素雅、漂亮。

典雅——深咖啡色、深橄榄色。这些色令人觉得稳重、沉着。

清澈——淡蓝色系。这些色令人觉得朴素、爽快。

清爽、轻快——原色、蓝色、绿色。这些色令人觉得轻松、舒爽。

摩登——深蓝、黑色。

4)色彩的感觉

由于眼睛感觉的关系,不同明度和纯度的色彩,常有不同的感觉。设计人员常利用这种微妙的色彩特性来增强设计的效果。

①前进色和后褪色。色彩的明度和纯度愈高,色相便愈鲜明。例如红、黄、橙等暖色,因为是鲜明色彩,所以有一种膨胀和迫近的感觉,称为"前进色"。色彩的明度和纯度愈低,色相便愈晦暗。例如青、蓝、紫等冷色,便有一种收缩和远离的感觉,称为"后褪色"。但绿色处在中间状态,不是前进色,也不是后褪色。

②色彩的面积。不同明度和纯度的色彩会产生面积不同的感觉。明亮的色彩比晦暗的色彩有面积较大的感觉,而暖色比冷色有面积较大的感觉。

③色彩的质感。在视觉上色彩有柔软和坚硬的区别。浅淡色彩有柔而滑的感觉,而晦暗色有坚实的感觉。

④色彩的重量。明亮的色彩如黄、橙等色便有轻快活泼的感觉;晦暗色彩如蓝、紫等色则有沉重的感觉。

⑤色彩的节奏感。鲜明色彩表示高音调,晦暗色彩则表示低音调。

⑥色彩的明快与忧郁感。明度高而鲜艳的色彩具有明快的感觉,而晦暗的

色彩则具有忧郁的感觉。

⑦色彩的华丽与朴素感。鲜艳明亮的色彩具有华丽的感觉，晦暗色彩则具有朴素的感觉。

⑧色彩的形状感。色彩有不同的形状感觉。红色代表正方形，有坚实、耐久、干燥、不透明的感觉。橙色代表长方形，有温暖、干燥和迫视的感觉。黄色代表三角形，表示阳光、尖锐和成角状的感觉。绿色代表六角形，虽有角度，又似圆形，有清凉、新鲜的感觉。青色代表圆形或球形，有冷酷、湿润、透明的感觉。紫色代表椭圆形，永不成棱角，有柔和、愉快和神秘的感觉。

5)色彩的心理因素

色彩是环境气氛中可视的重要因素。它是设计人员用来创造各种心境的有效工具。不同色彩可以给予人不同的感觉与联想。例如，冷与暖、扩大与收缩、前进与后退。按色彩给人的心理感受可以分为两种色调：

①暖色调：给予人以温暖、兴奋、光明等感受，如红、橙、黄色。

②冷色调：有寒冷、沉静、寂寞等感受，如蓝、绿、紫色。

夏天使用寒色有凉爽的效果，冬天用暖色系列可增加暖和的感觉。明度高的色彩有扩大的效果，明度低的色彩则有收缩的效果。暖色与明度高的色彩有前进的感觉，寒色的、明度低的(暗色)颜色有后退的感觉。明度高的色彩显得轻，明度低的色彩显得重。

不同的色彩对人的心理和行为也有不同的影响。有些人认为，红、橙之类的颜色有激励的效果，其他如蓝色等冷色则有镇静作用。一般来说，色彩处理的好坏不仅影响视觉美感，而且影响着人的心境及工作生活效率等(见表6.2、表6.3)。

表6.2　不同色彩与心境的关系

颜　色	效　果
红色	振奋、激励
橙色	兴奋、活跃
黄色	刺激
绿色	宁静、镇静
蓝色	自由、轻松
紫色	优美、雅致
棕色	松弛

表6.3　色彩在心理上的影响效应与功效

色彩对人心理的影响效应	效应类型	色彩在宴会设计中的功效
物理效应	冷热、远近、轻重、大小等	1.能够优化人的心境，稳定人的情绪。 2.利用色彩可以减轻人在精神和肉体上的痛苦。 3.有助于提高人的生理机能
感情刺激	兴奋、消沉、开朗、抑郁、动乱、镇静等	
象征意象	庄严、轻快、刚、柔、富丽、简朴等	

颜色的使用还与宴会厅的地理位置有关。例如，在纬度较高的地带，宴会厅里应使用暖色如红、橙、黄等，从而给顾客一种温暖的感觉；在纬度较低的地带，使用绿、蓝等冷色效果较好。

6.3.2　色彩的调和与配色

1)色彩的调和

两种或多种色彩相配合，由和谐照应而产生愉快的感觉，称作色彩"调和"。假如色彩配合后产生不愉快的感觉，称作"不调和"。

同色配合：是指以同一色系作不同明度的变化而取得和谐的效果。例如纯黄、暗黄、淡黄等不同面积配合，以便取得调和。严格地来说，同色配似乎太单调，但如有适当的面积配合，常会产生安静、柔和、高雅的感觉。

类似色配合：类似色配合会产生沉静、悠闲的感觉。如觉得太单调，最好利用不同明度的毗邻色作配合。

补色配合：例如红与绿、黄与紫、蓝与橙配合等。补色配合会产生鲜明的对照，给人纯正坚强的感觉。但补色的刺激性太强，因此使用补色时面积不要相同。配合时可加上黑、白、灰等中性色。

三联色配合：在色环中，三种色彩构成一个正三角形的色彩配合。例如：红、黄、蓝或橙、绿、紫的配合。三联色的配合常产生鲜明夺目的效果。

四色配合：在色环中，四种彩色构成一个正方形的色彩配合。例如十二色环中的黄、青、绿、紫四色配合即是。

案例1　日本东京有座小茶馆，生意本来很兴隆，店主人为进一步招徕顾客，特意将四壁装饰成浅绿色，并点缀了名人字画。不料，这座刷新的茶馆，尽管也终日无虚席，但月末结账收入却少了一半。迷惑不解的老板去请教学者，才知道因为茶馆的雅致，意外地起到了挽留顾客的作用，顾客周转慢从而降低了卖座率。于是，改刷成赤红色，茶馆依旧门庭若市，收入也大增。

案例2 无独有偶，美国人亨利的餐馆设在闹市，服务热情周到且价格便宜，可是前来用餐的顾客却很少，生意一直冷清。一天，亨利去请教心理学家，心理学家来餐馆视察了一番后，建议亨利将室内墙壁的红色改为绿色，把白色餐桌改为红色。果然，生意兴隆起来。惊喜的亨利向心理学家请教改变色彩的秘密，心理学家解释道："红色使人激动、烦躁，顾客进店后心理不宁，哪有心思吃饭；而绿色使人感到安宁、心静。"亨利忙问："那么餐桌也改成绿色不更好吗？"心理学家答道："那样，顾客进来后就不愿意离开了，占着桌子会影响别人吃饭，而红色的桌子，会使顾客快吃快走。"

2）宴会配色方案

丰富多彩的色彩空间是宴会设计离不开的要素。但是如何充分利用色彩？这要根据各自审美观、兴趣、爱好，因人而异，但有一点是肯定的：主色调与配色、色彩与色彩的搭配是有规律可循的，不同的搭配方式可以表现不同的色彩含义。具有代表性的配色方案有哪些呢？

华丽色调：中心色为酒红色和米色。沙发为酒红色，地毯为同色系的暗土红色，墙面用明亮的米色，局部点缀金红色和蓝色，如镀金门把手、壁灯架、蓝色花瓶、烟灰缸等。

娇艳色调：中心色为粉红色和白色。墙面装以粉色为主色的碎花仿丝绸壁纸，并局部装镜面，家具为仿路易十五式的弯脚家具，油饰白色、雕饰金线，沙发与墙面用同一色调的华贵丝绸罩面，地毯用深粉红色，饰品中点缀一些橘红翠绿色。

硬朗色调：主色为黑白两色。黑面抛光大理石地面，白色墙面，黑色真皮沙发，白色家具，点缀些红色、蓝色饰品。这样整个居室色彩的反差较大，黑白分明、红蓝对比，具有刚毅气质。

轻柔色调：中心色为奶黄色、白色/奶黄色地面与墙面，象牙白色家具，室内配以大面积轻薄适当的提花涤纶做垂地窗帘和床罩、帷幔，点缀少量嫩绿色、天蓝色饰品。阳关透过纱窗射人，整个气氛显得轻柔淡雅。

高贵色调：以玫瑰色和灰色为主色。玫瑰色地毯和沙发，粉灰色墙面与银灰色家具，配以深紫色点缀品和绿色植物。

清爽色调：中心色为淡蓝色。蓝灰色地面，白墙、蓝色沙发及窗帘，局部用深蓝色、紫色衬托。

喜庆色调：以红、橙等暖色为主色，深红色地毯、橘红色墙面，华贵的暖色织锦缎床罩和台布,挂上红纱宫灯,摆上金色烛台,贴上绚丽的剪纸。

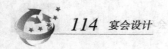

质朴色调:尽量用材料质朴的本色。黄褐色的地板,棕色显木纹的家具,用棉布与亚麻织物,点缀一些具有乡土特色的粗陶器皿。

青春色调:以绿色为主色。橄榄绿地面,草绿色墙面,浅绿色家具,天蓝色窗帘,点缀些粉红色、橘红色饰品。

在宴会厅气氛设计过程中,要想提高顾客的流动率,餐室里最好使用红绿相配的颜色,而不使用诸如橙红色、桃红色和紫红色等颜色。因为橙红、桃红和紫红等颜色有一种柔和、悠闲的作用。在快餐馆的气氛设计中,鲜艳的色彩十分重要。这种色调配合以紧凑的座位,窄小而又不太舒适的桌子或火车座,明亮的灯光和快节奏的音乐,再加上嘈杂声,使顾客无暇交谈,驱使他们就餐后快速离开。

反之,要想延长顾客的就餐时间,就应该使用柔和的色调、宽敞的空间布局、舒适的桌椅、浪漫的光线和温柔舒缓的音乐来渲染气氛,从而使顾客延长逗留时间。

另外,色彩还能够用来表达宴会厅的主题思想。例如,美国多年前的海味宴会厅多在墙上画着帆船航海图,或在梁上悬挂着船灯、帆缆,甚至有救生艇。但是,现在的宴会厅打破了原有传统,设计家用冷色调的绿、蓝、白三色微妙地表现了航海主题。在中国的国庆宴会中,我们可选用红色为主色,黄色为辅助色,用国旗色来凸现欢庆的主题。在商务宴会中,可选用主办单位的主色调来凸现他们的企业形象。还应注意主色调的选择,颜色不宜太多,一般两种左右为宜,多了给人以凌乱的感觉,其他颜色应为辅助色,辅助色的选择应是主色调同一色系的深浅变化,或在色谱中相邻的颜色。很多环境给人以不舒服的感觉就是颜色太多、太乱所造成的。在反映现代主题的过程中,也可采用大胆强烈的对比色,例如西方国家有时也会在重要的宴会场合中,采用色彩对比强烈的黑白二色为主色。

6.3.3 色彩在宴会设计中的反映物

1)色彩在宴会设计中的主要反映物

(1)窗帘

窗帘的配备通常分内外两层,外层材料较厚,所选用的颜色也较深。通常在设计中参照墙面颜色而定,或近似色,或反差色。外层比较多的是选用单色的紫绛红、墨绿色、咖啡色、灰色、鹅黄色等。内层材料较薄,较多选用单色或提花的色不太容易改变,改变方法有:①根据要求,内外层窗帘一起更换。②选用内层浅色窗帘,外加彩色灯光照射来改变;③打开窗帘借用外部城市灯光;④用窗花来装饰窗户,在窗帘上进行装饰,例如蝴蝶结、布幔、彩带,或者彩色气球等。

(2)墙面

墙面在厅房内所占面积较大,是主要颜色的反映物。可以通过设立客户的广告板、客户的企业标志板来进行遮挡。对墙面可用不同颜色的立体灯光照射、布置装饰物、用大型绿色植物遮挡等方法来加以改变。

(3)地毯

在主通道上加盖地毯,在大片空地上放绿色植物盆花加以遮盖和改变。

(4)桌布颜色

白色可在任何情况下使用。选用单一色彩的台布配备时,应注意环境的匹配,并与全场的色彩保持统一性。在特殊场合为了突出主桌,主桌可用其他颜色。例如结婚宴会主桌可用红色,附桌可用其他颜色。彩色花布使用较少,在正式的宴请中最好不用。

(5)台裙

通常酒店备用颜色不多,容易造成台裙的颜色与环境不配。可采用圆形台布,下垂至离地面 2 cm 处,替代台裙使用。

(6)椅套

椅套以及椅套的装饰是很好的点缀辅助色。若运用得当,能起到画龙点睛的作用。尤其是椅套上的饰物,它可以是其他色彩的条带、蝴蝶结、彩绳加彩穗、彩绳加中国结等。

2)色彩在宴会设计中的其他反映物

色彩在宴会设计中的其他反映物主要有:餐桌上的台饰、鲜花、餐巾、餐筷、菜单等这些物品,通常是使用辅助色,在宴会设计中能起到画龙点睛的作用,因此必须进行认真的选择。

6.4 宴会挂件设计

一个比较完美的宴会厅,会特别注重每个组成部分之间风格的一致性,从墙壁、灯具,到小摆设、艺术品的陈列等都应保持宴会厅的整体效果,以体现宴会厅风格的统一性。因此有必要对宴会厅加以精心设计，尤其是宴会挂件的设计。

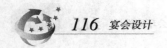

挂件是指挂在墙壁上的装饰品，对宴会气氛可以起到很好的渲染和创造作用，从而打造酒店美好的形象。在宴会厅装饰中主要包括挂件类如国画、油画、瓷板画、剪纸、绣片等；摆件类如瓷器、玉雕、木雕、工艺摆件等。正确地摆放这些装饰品，能增添宴会厅的艺术气氛。临时布置部分主要是大型的花卉、绿色植物等。

宴会厅的布置主要是工艺装饰品。选择、布置好的工艺装饰品将成为酒店的标志性符号。工艺品的选择、摆设、布置要和宴会厅相匹配，能够反映出酒店的文化内涵。

1）书法绘画

书法和绘画是宴会厅墙面挂饰布置的一大特色。书法作为一种文字书写艺术，不仅其字体给人以情感感受，其所书内容也给人以联想。如国内不少酒店的宴会厅都挂有书法名家的书画，幽雅的字画给宴会厅环境增添了几分雅兴、几分食欲，给顾客带来了无限的感慨和回味。用于宴会厅的绘画品种较多，有国画、油画、水彩画、装饰画等。宴会厅墙饰的主要品种是国画和水彩画，其内容以山水、花鸟画和饮食广告画为主，也有悬挂以名词、佳句为内容的条幅或横幅。不同的绘画题材给人以不同的联想。如某宴会厅的四壁挂着中国水墨画，播放的音乐是自然界的虫鸣和悠扬的中国古典乐曲，在这古色古香的意境中就餐，人们的谈话声音会变得轻柔。但是在选择和悬挂时要注意以下事项。

①绘画要根据墙面艺术的需要和经济实力的原则来选择品种，质量和数量要突出饮食行业的特色和民族风格，以宣扬中华民族的文化艺术为主，同时其画面内容要尊重外宾的风俗习惯和宗教信仰。

②宴会厅的墙面装饰及绘画的内容还应根据季节变化和宣传的需要适当更换。

③宴会厅内的画种和内容应有穿插，不宜雷同。例如主幅是山水国画，其他就不宜再用山水画，可挂花鸟画或广告画，或选择其他墙饰品种。

④绘画的大小要得体，注意和厅内的墙面积、家具陈设的大小、高低相适应。大宴会厅适宜挂气势磅礴、笔墨刚健的名山大川、华丽多姿的花卉等大幅画；小宴会厅则宜挂雅致、秀丽的花鸟画，这样才会显得气氛和谐，典雅舒适。

⑤挂画时要使画面高低适宜。一般来说国画要求挂得略高一些，西洋画可挂得略低一些。笔墨淋漓的高山飞瀑、层峦叠嶂、古木参天等山水画，或大刀阔斧的写意花卉和宜于远看的绒绣花要挂得高一些，而宜于近看的工笔画可挂得

低一些。总之挂画的部位要根据墙面结构、家具的高低和画的内容来确定。挂画要结实牢固，挂画的绳子要隐蔽在画框背面，不能外露，以免影响美观。

2）挂屏与壁饰

挂屏的种类很多，常见的有瓷板画、刺绣、木雕画、螺钿镶嵌画、漆雕画等。壁饰有壁毯、陶瓷挂盘、砖雕、民间艺术品、生活日用品，运用这些艺术品有利于增进宴会厅墙面装饰的美感作用。壁毯、挂毯是一种上有边沿、下有穗络的悬挂工艺美术织物，一般有毛织、绒织、印染等形式，图案与色彩要与陈设房间总体艺术构思相配称。挂盘、壁插等陶瓷工艺品，既要注意其材质、色彩与墙面的衬托效果，又要与室内装饰风格相协调。此外还有刺绣、绒绣、竹雕、木刻、漆绘等工艺品，都具有很高的艺术价值，都可以作为墙饰表现形式。但必须进行统一设计，并十分注意与周围环境的协调，根据宴会厅的性质和内容要求进行布置。

总之，宴会厅墙面悬挂艺术品，应力求简洁完美，要少而精，烦琐的墙上装饰和陈设是格调不高的表现。至于小宴会厅则必须进行精心设计与布置，要反映我国悠久的文化艺术传统，质朴而典雅的室内艺术风格以及高尚而健康的审美趣味。

3）工艺摆件

用工艺摆件装饰宴会厅也是一种很好的方法。用于宴会厅的工艺摆件品种较多，有古董、瓷器、工艺品、玩石、盆景、屏风等，在选择和摆放时要注意如下事项。

①工艺摆件的选择要注意与宴会厅装修档次相匹配，两者差距不能太大，否则不仅起不到映衬作用，反而影响整体效果。古董、瓷器要高于一般的现代工艺品，在古董的选择上应该品像为上，在选择时还应注意它们的底座、罩子等附配件的精致度。工艺摆件的选择要注意作品的题材与宴会厅装修内涵或餐饮文化相关。

②摆放工艺摆件的宴会厅面积相对要宽敞一些，中小件的饰品要摆放在专用的琴几或古董架上，正面要留有让客人驻足观赏的空间。

思考与练习

1. 宴会气氛的作用有哪些？如何对宴会厅气氛进行设计？
2. 在宴会气氛设计时，对背景音乐如何进行选择？

3. 在宴会设计中,光线的强弱起到了什么样的效果?

4. 简述色彩在宴会设计中的应用。

5. 在宴会厅中对挂件怎样进行布置,才能达到预期效果?

小知识链接

1. 在现代餐饮经营中,餐具的色彩逐步从传统的青华瓷器向乳白、洁白等纯色调为主的餐具色彩发展。纯白色的餐具更能显现出清洁与脱俗,加之现代餐饮经营中,尤为重视菜肴的围碟装饰,无花边的餐碟更好地显示出厨师围碟装饰的高超技艺。因此,白色餐具适应了这一发展的需要,成为餐厅餐器具的主流。

2. 宴会举办场地的自然环境,有湖边、闹市、船上等。如杭州西湖著名的"楼外楼"菜馆,坐落在景色清幽的孤山南麓,面对淡妆浓抹的佳山丽水。为了充分利用西湖之景,二楼宴会厅采用落地长窗,凭窗远眺,湖中三岛、六桥烟柳,尽入眼帘,顿有"湖光连天远,山色上楼多"之感。

资料链接

1. http://lunwen.n025.com/gongxue/gongyesheji/2007-01-13/42044.shtml

2. http://www.333cn.com/interior/llwz/87786.html

3. http://www.ledcac.com/info/detail/89-19875.html

第7章 宴会宣传设计

【学习目标】

通过本章学习，使学生了解和熟悉宴会的宣传知识、促销方式、宴会成本知识和宴会的评估，掌握宴会成本的核算方法和宴会宣传及促销方式。

【知识目标】

要求学生了解宴会的评估，理解宴会的宣传和促销策略，能制定宴会产品价格政策和掌握其成本核算的方法。

【能力目标】

理论联系实际，根据宴会产品的特点能熟练运用成本核算的方法计算出宴会的成本，并针对不同类型的宴会设计一份合理的宣传和促销方案。

【关键概念】

成本核算　主配料成本　净料率　成本系数　调味品成本　广告宣传　赠品宣传　网络宣传　宣传促销　人员促销　节日促销　菜单评估

问题导入：

酒店宣传是为酒店的经营目的服务的。酒店宣传不但是酒店战略的重要组成部分，而且是一种战略需要，也是一种战略行为。因此酒店对外宣传要讲究战略战术，例如酒店形象宣传、特色菜品以及酒店在营业过程中各种服务品质等，构成了酒店对外的宣传策略。如上海某高档酒店开业一年来，由于多方面因素的影响，如经营管理不善、菜品特色不鲜明、产品定位不明确、宣传方式不得当等,导致餐饮经营亏损。之后被青岛某知名酒店承包,经过精心策划,多方面大幅度的宣传,如新闻媒体宣传、网络宣传、酒店特色宣传、口碑宣传以及各类宴会活动宣传等,使得酒店餐饮营业额由亏转盈,由此可见,酒店自身对外的宣传以市场为导向,形式灵活多变,但是千万不能随波逐流。

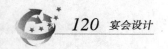

7.1 宴会成本核算

宴会的成本核算,能及时帮助宴会部门管理人员掌握宴会产品的成本消耗额,杜绝宴会产品成本的泄漏点。它是控制产品成本、提高酒店宴会经济效益的必要手段。

7.1.1 宴会成本构成与特点

宴会成本主要由宴会菜点的原材料成本、生产劳动力成本和管理费用等组成。前两项占宴会成本的70%~80%,是宴会成本的主要部分。由于劳动力成本和管理费用在酒店均另有职能部门专门控制和计算(人事部与财务部等),宴会部门在这两方面多处于执行和协助状态;同时,原材料成本在宴会成本构成中首占重大比例,其控制的专业技术要求很高。因此,这里着重讨论宴会菜点原材料的成本控制。同样,根据宴会生产成本特点,也主要讨论宴会内部硬、软件及其相互搭配状况对宴会成本控制的影响。

1)宴会成本构成

宴会菜点的生产所涉及的食品原料有山珍海味、水产河鲜、鸡鱼肉蛋、时鲜果蔬以及油盐酱醋等,一切菜点都由它们烹制而成。根据不同原料在菜点中的不同作用,这些原料大致可分为三类,即主料、配料(也称辅料)和调料。这三类原料是核算宴会成本的基础。

(1)主料

主料是指制成各个单位产品的主要原料,有的占一份菜点的主要分量,如土豆烧鸡块里的鸡块,冬笋炒肉丝所用的肉丝,三鲜牛筋、鸡汁银丝面里的面条等;有的虽不占主要分量,但身价较高,是其主要成本构成,如膏蟹粉煲里面的膏蟹,玉环柱甫梨元贝、蟹黄汤包里的蟹粉等。

(2)配料

配料是指制成各个单位产品的辅助材料,如番茄鸡蛋里番茄,五彩烩蛇丝里的笋、菇、火腿等细丝以及点心椰蓉软糍里的椰蓉等。

菜肴的主料配料是相对而言的。在一份菜点里作为主料的原料,在另一份菜点里可能被用作配料。如用做蜜汁火方的主料火腿,在大多数菜肴例如鸡活水鱼、火茸时蔬等里面则用作配料。同样,在某些菜点里当作配料的原料,也可在其他菜点里用作主料,如什锦火锅里作为配料的粉丝,在肉末粉丝里则成了主料;又如贝茸扒芦笋里的干贝茸是用作配料的,而在锅贴干贝、绣球干贝里则作为主料使用。有些菜肴可能同时有几种主料或配料,不分彼此。如一品海烩里的鲍、参、翅、肚,福建名菜佛跳墙里面的鲍鱼、鱼唇、海参等均同为主料,而双冬扒鸭里的冬笋和冬菇,扬州炒饭里面的什锦配料等则同时作为配料使用。所以,主、配料的划分是人为的,主要是为了方便生产和成本控制的需要,在实践中要注意区别。

(3)调料

调料是烹饪菜点的各种调味品,如油、盐、酱油、葱、姜、蒜等。调料在单位产品里用量虽然很少,可却是烹制各类风味不同菜点必不可少的。

2)宴会生产成本特点

单个菜点的成本是如此,整桌、整席菜点的成本则由冷菜成本、热菜成本和点心成本综和构成。因此,宴会内部实行独立核算、分摊合计成本的单位显得更加必要和繁琐。根据酒水另计、水果费用单算的习惯,有许多酒店将冷菜的成本定为整桌食品成本的15%,热菜占70%,点心则占10%,调料按整桌营收的5%基加。如此比例可用作参考,但应注意根据不同菜系,不同菜单结构作适当调整。如有些菜系或菜单安排极少的冷菜品种和道数,其所占的成本比例就应缩小。又如有些风味小吃宴中其点心占的比例较大,成本分摊的份额也应增加。大多数情况下,随着消费标准的提高,占整席举足轻重地位的热菜成本所占比重会大幅度增加,而冷菜、点心则与普通消费标准的用料及成本差距并不是很大。因此,应注意区别核算。另外,随着新颖、优质调料的不断出现,调味品不断推陈出新,其成本、比例亦有增大的趋势,如500 ml美极鲜酱油进价近百元,250 g的XO酱则需花费百余元的成本等,在合计成本时不得忽视。

7.1.2 宴会成本计算方法

成本计算是进行宴会成本控制的基础工作，宴会成本计算的核心是计算耗用原材料成本，即实际生产菜点时用掉的食品原料。有了实际消耗的数据，在通过与标准消耗的比较来判断生产状况的正常与否，从而进行有针对性的控制。

1）主、配料成本计算

主、配料构成宴会产品的主体。主、配料成本是产品成本的主要组成部分，计算产品成本，必须首先从计算主、配料成本做起。

宴会产品的主、配料，一般要经过拣洗、宰杀、拆卸、涨发、初步熟处理至半成品之后，才能用来配置菜点。没有经过加工处理的原料称为毛料；经过加工，可以用来配制菜点的原料称为净料。

净料是组成单位产品的直接原料，其成本直接构成产品的成本，所以在计算产品成本之前，应算出所用的各种净料的成本。净料成本的高低，直接决定着产品成本的高低。影响净料成本的因素，一是原料的进货价格、质量和加工处理的损耗程度。二是净料率的高低，即加工后的净料与毛料的比率。净料率越高，即从一定数量的毛料中取得的净料越多，它的成本就越低；反之，净料率越低，即从一定数量的毛料中取得的净料越少，它的成本就越高。

(1)净料成本的计算

原料在最初购进时，多为毛料，大都要经过拆卸等的加工处理才能成为净料。由于原料经拆卸等加工处理过程后重量都发生了变化，所以必须进行净料成本计算。净料成本的计算，有一料一档、一料多档以及不同渠道采购同一原料的计算方法。

①一料一档的计算方法

一料一档的计算包括两种情况：

a. 毛料经过加工处理后，只有一种净料，而没有可以作价利用的下脚料和废料，则用毛料总值除以净料重量，计算净料成本。其计算公式是：

$$净料成本 = \frac{毛料总值}{净料重量}$$

例1 土豆20 kg，价款共24元，经过削皮洗净，得净土豆18 kg，计算净土豆成本。

净土豆成本为：24/18 = 1.33 元/千克

b. 毛料经过处理后得到一种净料，同时又有可以作价利用的下脚料和废弃物品，因而必须先从毛料总值中扣除这些下脚料和废弃物品的价款，除以净料重量，求得净料成本，其计算公式是：

$$净料成本=\frac{毛料总值-下脚料价款-废弃物品价款}{净料重量}$$

例2 野生甲鱼5只重3 kg，每千克单价360元，经过在沙溪底，得净甲鱼料1.8 kg，嘉鱼可作价6元，甲鱼血2.5元，计算净甲鱼成本。

净甲鱼成本为：

$$\frac{360\times 3-6-2.5}{1.8}=595.28\text{ 元/千克}$$

②一档多料的计算方法

如果毛料经过加工处理后，得到一种以上的净料，则应分别计算每一种净料的成本。分档计算成本的原则是，质量好的，成本应略高；质量差的，成本应略低。

a. 如果所有这些净料的单位成本都是从来没有计算过的，则可根据这些净料的质量，逐一确定它的单位成本，而使各档成本之和等于进货总值。其计算公式是：

$$净料(A)总值+净料(B)总值+\cdots\cdots+净料(N)总值$$
$$=一料多档的总值（进货总值）$$

例3 猪后腿2只15 kg，每千克单价16元，共计240元。经拆卸分档，得到精肉8 kg，肥膘4 kg，肉皮1.5 kg，统骨1.3 kg，损耗0.2 kg。根据质量确定其每千克单位成本为：精肉20元，肥膘10.75元，肉皮16元，统骨10元。

即：$20\times 8+10.75\times 4+16\times 1.5+10\times 3=240$ 元——毛料总值。

b. 在所有净料中，如果有些净料的单位成本是已知的，有些是未知的，可先把已知的那部分的总成本算出来，从毛料的进货总值中扣除，然后根据未知的净料质量，逐一确定其单位成本。

③不同渠道采购同一原料的成本计算方法

现阶段宴会所用原料有入市采购的，也有供货商送货上门的。不同渠道的原料采购很普遍，但是，在多渠道采购同一种原料时，其购进单位价格是不尽相同的，这就要运用加权平均法计算该种原料的平均成本。凡是在外地采购的原料，还应将其所支付的运输费列入成本计算。

例4 从肉联厂购进里脊肉50 kg，每千克17.2元，同时又在集贸市场购进里脊肉75 kg，每千克进价16.4元，计算里脊肉每千克成本。

里脊肉每千克成本为：

$$\frac{50 \times 17.2 + 75 \times 16.4}{50 + 75} = 16.72\text{ 元}$$

例5 从外地采购一批烤鸭胚计 540 kg，每千克进价 11.2 元，运输费开支 280 元，途中损耗 1%（在合理损耗幅度之内），计算烤鸭胚每千克成本。

烤鸭胚每千克成本为：

$$\frac{540 \times 11.2 + 280}{540 - (540 \times 1\%)} = 11.84\text{ 元/千克}$$

(2)生料、半成品和成品的成本计算

净料可根据其拆卸加工的方法和处理程度的不同，分为生料、半成品和成品三类。其单位成本各有不同的计算方法。

①生料成本的计算

生料就是指经过拣洗、宰杀、拆卸等加工处理，而没有经过烹调更没有达到成熟程度的各种原料的净料。

a. 拆卸毛料，分清净料、下脚料和废弃物品。

b. 称量生料总重量。

c. 分别确定下脚料、废弃物品的重量与价格，并计算其总值。

d. 计算生料成本。

生料成本的计算公式是：

$$\text{生料成本} = \frac{\text{毛料总值} - \text{下脚料总值} - \text{废弃物品总值}}{\text{生料重量}}$$

例6 某酒店购进去骨猪腿肉 7.5 kg，每千克 18 元，经过拆卸处理后，得肉皮 0.8 kg，每千克 16 元，计算净肉的单位成本。

毛料的总值为：7.5×18 = 135 元

肉皮的总值为：0.8×16 = 12.8 元

生料的重量为：7.5 − 0.8 = 6.7 元

净肉每千克成本为：

$$\frac{135 - 12.8}{6.7} = 18.24\text{ 元}$$

②半成品成本的计算

半成品是经过初步熟处理，但还没有完全加工成成品的净料。根据其加工方法的不同，又可分为无味半成品和调味半成品两种。不言而喻，调味半成品的成本要高于无味半成品的成本。许多原料在正式烹调前都需要经过初步熟处理。所以，半成品成本的计算，是主、配料计算的一个重要方面。

a. 无味半成品成本计算。

无味半成品主要是指经过焯水等初步熟处理的各类原料。无味半成品的计算公式是：

$$无味半成品成本=\frac{毛料总值-下脚料总值-废料总值}{无味半成品重量}$$

例7 用做扣肉的五花肉2 kg,每千克12 kg,煮熟损耗30%,计算熟肉单位成本。

毛料总值为:12×2=24 元

无下脚废料

无味半成品重量为:2×(1-30%)=1.4 kg

熟肉每千克成本为:24/1.4=17.14元

b. 调味半成品成本计算。

调味半成品即加放调味品的半成品,如鱼丸、肉丸、油发鱼肚等。构成调味半成品的成本,不仅有毛料总值,还要加上调味品成本,所以其成本计算公式是:

$$调味半成品成品=\frac{毛料总值-下脚废料总值+调味品总值}{调味半成品重量}$$

例8 干鱼肚2 kg经油发成4 kg(干鱼肚油发后又用水浸泡,故重量增加),在油发过程中耗油600 g,已知干鱼肚每千克进价为80元,食油每千克进价8元,计算油发后鱼肚的单位成本。

每千克油发鱼肚成本:

$$\frac{2\times 80+8\times(600\div 1\ 000)}{4}=41.2元$$

③成品成本的计算

成品即熟食品,尤以卤制冷菜为多,其成本与调味半成品类似,有主、配料成本和调味品成本构成。成品成本的计算公式是:

$$成品成本=\frac{毛料总值-下脚废料总值+调味品总值}{成品重量}$$

由以上公式可以看出,成品和调味半成品成本计算公式相似。由于习惯上对成品的调味品成本多采用估算法,所以成品单位成本计算也可以采用下列公式:

$$成品单位成本=\frac{毛料总值-下脚废料总值+调味品成本}{成品重量}$$

例9 母鸡一只重3 kg,每千克进价15元,下脚料及杂回收共6元,鸡烤熟重1.8 kg,耗用油、香料等共计1.6元,计算该熟鸡的成本。

鸡的总值为:15 × 3 =45 元

下脚料总值为:6 元

调味品总值为:1.6 元

成品鸡的每千克成本为:

$$\frac{45-6}{1.8}+\frac{1.6}{1.8}=22.56\text{ 元/千克}$$

2)净料率与成本系数

从主、配料计算的基本方法可以看出,不论哪一种主、配料,要计算其成本,首先必须知道其拆卸、涨发以及熟处理后的重量,否则就不可能计算出它的单位成本。由于宴会生产每天购进原材料的品种和数量都很多,对于净料处理后的重量,不可能每一样都过秤。许多餐饮部门在实践中总结出一个规律,就是在净料处理技术水平和原料规格质量相同的情况下,原料的净料重量和毛料重量之间构成一定的比率关系,因而通常都用这个比率来计算净料重量。

(1)净料率和计算方法

所谓净料率,就是净料重量与毛料重量的比率。其计算公式是:

$$\text{净料率}=\frac{\text{净料重量}}{\text{毛料重量}}\times 100\%$$

净料率以百分数表示,也有不少厨师习惯于用“拆”或“成”来表示的。

例10 购进母鸡一只,重 2 kg,经宰杀、褪毛、去肠脏,洗涤处理后,得净鸡 1.4 kg,计算这只母鸡的净料率。

净料率为:

$$\frac{1.4}{2}\times 100=70\%$$

即每千克毛鸡可得净鸡 0.7 kg。

净料率在餐饮业中又成为拆卸率。在菜肴烹饪的不同阶段,净料有生料、半成品和成品三类,相应的净料也有生料率、半成品率和成品率三种,但其计算公式则是完全相同的。干货原料的涨发率也是净料率的一种,其计算公式与净料率公式亦通,只不过它适用于干货原料涨发加工后的数量增加比率的计算。

例11 某宴会领进干木耳3 kg,涨发后得到水法木耳8.5 kg,又从涨发好的木耳中间出杂物和不能食用的木耳0.2 kg,计算木耳的涨发率。

加工前总重量为:3 kg

加工后净木耳重量为:8.5 -0.2 =8.3 kg

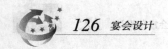

木耳涨发率为：

$$\frac{8.3}{3}\times 100\% = 276.67\%$$

与净料率相对应的是损耗率，也就是毛料在加工处理中所损耗的重量与毛料重量的比率。其计算公式是：

$$损耗率 = \frac{损耗重量}{毛料重量}\times 100\%$$

净料、毛料及其比率关系为：

$$损耗重量 + 净料重量 = 毛料重量$$

$$损耗率 + 净料率 = 100\%$$

(2)净料率的应用

利用净料率可直接根据毛料的重量，计算出净料的重量。其方法如下：

$$毛料重量\times 净料率 = 净料重量$$

这样，净料的平均单位成本也就易于计算了。

例12 某酒楼购进去骨猪腿肉10 kg，每千克15元，经过拆卸后，分成猪皮和净肉两类，净料率是89%，一只猪皮每千克6元，计算净肉单位成本。

根据净料换算公式，可知：

净肉重量为：$10\times 89\% = 8.9$ kg

猪皮重量为：$10 - 8.9 = 1.1$ kg

根据净料成本计算公式，计算净肉每千克成本为：

$$\frac{15\times 10 - 6\times 1.1}{8.9} = 16.11 元/千克$$

利用净料率还可以根据净料的重量，计算出毛料的重量，其计算公式是：

$$净料数量\div 净料率 = 毛料数量$$

例13 制作黑椒鲜鱿10份，每份需净鲜鱿150 g，其鲜鱿净料率为75%，计算采购鲜鱿的数量。

鲜鱿采购数量为：

$$10\times \frac{150}{1\ 000}\div 75\% = 2 \text{ kg}$$

根据净料的应耗数量，利用净料计算出所需毛料的数量。这是餐饮日常工作中，根据生产任务计算原料需要量，以便及时采购原材料经常运用的方法。

此外，还可利用净料率，直接由毛料成本单价计算出净料成本单价，这就大大方便了各种主、配料成本的计算。其计算方法是：

毛料单价 ÷ 净料率 = 净料单价

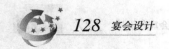

例14 鲜鱼每千克8.4元,宰杀洗净后剁块,净料率为80%,计算净鱼每千克成本。

净鱼每千克成本为:8.4 ÷80% =10.5 元

应用净料率计算成本,精确度是关键问题。原料规格质量和净料处理技术是决定净料率的两大因素。这两大因素一有变化,净料率就有变化。同一个品种的同一种规格质量的原料,由于加工操作人员的技术水平不同,净料率就不可能完全一致。同样,净料处理人员技术水平相同,但原料的规格质量不同,净料率也肯定不一样。在具体工作中,绝不能用一种技术情况下的净料率来代表一般技术情况下的净料率,也不能用某一种规格质量的净料率代表同一种品种的一半规格质量的净料率。

除了受到加工技术水平这一因素影响外,原料的净料率一般还要受重量、规格、产地、季节等几种因素的影响。例如,竹笋一月份的净料率不高于20%,但二月份可达30%,三月份又可高到37%,因此对净料率的测算,必须从实际出发,认真负责,以保证成本计算的准确。

(3)成本系数法及其运用

由于在宴会中大量使用的鲜活原料市场价格不断发生变化,而重新逐笔逐项计算加工半成品的单位成本既费事又繁琐,可结合利用成本系数法进行成本调整。所谓成本系数就是指加工后半成品的单位成本与加工前原材料单位成本的比例,这个数字的单位,不是金额而仅是一个计算系数,假如原材料的价格有变动,无论涨价或降价,只要用系数乘上新价格就可得出新的加工后原材料成本。

例15 从农村购进野生水鱼10.5 kg,每千克360元,价款计3 780元,加工去肚脏、壳,得净肉6.5 kg,计算加工水鱼肉的成本系数。

加工后水鱼肉的成本为:

3 780 ÷ 6.5 = 381.54 元/千克

水鱼原进价为每千克360元,经加工测算净肉每千克381.54 kg,水鱼肉的成本系数为:

381.54 ÷ 360 = 1.06

如同样购进水鱼3 kg,每千克进价340元,仍加工水鱼肉,则可运用已经测定的成本系数来确定经过加工后鱼肉的单位成本。即水鱼肉的单位成本为:

340 ×1.06 = 360.4 元/千克

采用成本系数法,确定加工半成品的成本是一种计算简单,且较为准确的方法。同样,原料的进价、规格质量以及厨师加工水平的高低对成本系数的确定有较大影响。购进的原材料质量好,价格便宜,厨师加工技术水平高,加工半成品成本系数就小,成本也低;反之加工半成品的成本系数大,经加工的半成品的成本就高。

采用成本系数来确定加工半成品的成本,最重要的是取得准确的成本系数。由于进货渠道、原材料质地、采购价格及加工技术水平不同,因此,每一个半成品的成本系数,必须经过反复测试才能确定,即使是已经测定的成本系数也要经常进行抽查、复试。每次进行半成品加工测试,都要填列"原料加工测试卡"(见下表)作为计算、确定、调整每一品种成本系数的档案。

原料加工测试卡

编号:001　加工品名:猪小排　供应商:×××　日期:×××××××

原料名称	采购/测试			加工半成品				成本系数
	重量	单价	金额	品名	数量	单价	金额	
猪肋排	4 kg (1块)	16	64	小排 碎肉 损耗	3.6 kg 0.3 kg 0.1 kg	17.11 8	61.6 2.4	1.07
合计					4.0 kg		64.00	

主管:　　　　测试人:

3)调味品成本计算

调味品是制作菜点不可缺少的组成要素之一,它的成本是产品成本的一部分。在某些特殊菜肴里,调味品用量相当多,在产品成本中接近甚至超过主、配原料。例如,一份"麻婆豆腐",总成本为2.6元,其主料只是2块豆腐,成本0.6元,配料肉末75克,成本0.8元,合计1.4元,占成本54%,调味品就占整个成本的46%。因此,要精确地计算菜点产品的成本,就必须精确地计算调味品的成本。

宴会产品的加工和生产(主要是指成批生产)是以冷菜、部分热菜制作和各种主食、点心为主。

成批生产主要采用平均成本计算法。平均成本,也叫综合成本,指批量生产(成批制作)的菜点的单位调味品成本。点心类制品、冷菜卤制品以及部分热菜等都属于这一类。计算这类产品的调味品成本,应分两步进行:

①首先用容器估量和体积估量估算出整个产品中各种调味品的总用量及其

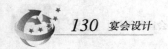

成本。当然,如用整听、整瓶装调味品,可根据单位数量计数,如听装炼乳、袋装鹰粟粉等。由于在这种成批制作的情况下,调味品的用量一般较多,应尽可能过秤,以求调味品成本计算的精确,同时也能保证产品质量的稳定。

②用产品的总重量来除调味品的总成本,即可计算出每一单位产品的调味品成本。

批量产品平均调味品成本的计算公式是:

$$批量产品平均调味品成本 = \frac{批量生产耗用调味品总值}{产品总量}$$

例16 某宴会用鸡爪5 kg制成紫金凤爪4 kg,经称量和瓶装调料统计,共用去各种调味品的数量和价款为:紫金辣酱2瓶8.8元,生抽50 g 0.75元,白糖100 g 0.6元,料酒250 g 0.8元,葱150 g 0.3元,姜50 g 0.35元,蒜头100 g 0.65元,计算每例盘(100 g)紫金凤爪的调味品成本。

制作这批凤爪的调味品总成本是:

$$8.8 + 0.75 + 0.6 + 0.8 + 0.3 + 0.35 + 0.65 = 12.25 \text{ 元}$$

每例盘紫金凤爪调味品成本为:

$$12.25 \div (4 \times 10) = 0.31 \text{ 元}$$

7.2 宴会宣传方案设计

酒店的宴会宣传是在一个不断发展着的推销环境中进行的,所以为适应推销环境的变化,宣传人员应该制订相应的宣传计划。一般来说,酒店或餐饮企业可以从以下几个方面考虑,采取相应的宣传方法。

1)广告宣传

广告是通过宣传媒介直接向顾客推销餐饮产品和服务的宣传手段,是指酒店的招牌、信函和各种宣传册等。广告在宴会宣传中扮演着重要的角色。宴会广告可以创造企业的形象,使顾客明确产品特色,增加购买的信心和决心。可通过在电梯和餐厅打宣传宴会的广告,在客房服务指南中常放菜单等方式进行宣传。

(1)餐厅招牌

餐厅招牌是最基本的宣传广告,它直接将产品信息传送给顾客。因此餐厅招牌的设立应讲究它的位置、高度、字体、照明和可视性,并方便乘车的人观看,使他们从较远的地方能看到企业招牌。招牌必须配有灯光照明,使它在晚上也起到宣传效果。招牌的正反两面应写有企业名称。在晚间,霓虹灯招牌不仅增加了可视度,同时使企业灯火辉煌,创造了朝气蓬勃和欣欣向荣的气氛。

(2)信函广告

信函是宣传酒店宴会的一种有效方法。这种广告最大的优点是阅读率高,可集中目标顾客。运用信函广告应掌握适当的时机,例如企业新开业、酒店重新装修后的开业、企业举办周年庆典和其他宣传活动、酒店推出新产品、新季节到来等。

(3)报纸广告

报纸是餐饮广告常用的广告媒介。报纸广告的优点是:时间性强,消息传递迅速;广告费比电视便宜;可直接引起客人的购买行为;灵活性较大,覆盖面广。报纸广告的缺点是无法传播声音和动作,外观缺乏吸引力,其作用时间短暂。要树立酒店良好的宴会市场形象,一是经常刊登广告,反复传递重要广告词句;二是偶尔刊登广告,介绍最新信息、最新的服务项目等。在选择刊登广告的报纸时,应考虑报纸的内容特点,读者对象,出版时间,报纸声望,广告位置、大小、色彩和广告费用等因素。

(4)电视广告

电视广告的优点是:宣传范围广泛;表现手段和形式丰富多彩;宣传的影响和作用巨大;便于重复宣传,直观性强;声誉高。电视广告的缺点是广告费用高,缺乏选择性,且转瞬即逝,观众看后极易忘记。

(5)户外广告

户外广告是在交通路线、商业中心、机场、车站等行人和车辆较多的地方设立路边广告牌、标志牌,进行宴会宣传。户外广告的优点是信息传播面广;费用较低;持续时间长;可选择宣传地点。常用的户外广告有:广告牌、空中广告、宴会厅招牌。广告牌设在行人较多的马路边上,交通工具经过的道路两旁或主要商业中心,闹市区;空中广告,是指利用空中飞行物进行的空中广告宣传;宴会厅招牌,是放在酒店或餐馆建筑物外部的指示牌。

(6)交通广告

交通广告,是指设在飞机、火车、轮船、汽车等交通工具上的广告。这些广告内容一般有酒店的名称、地址、电话、服务项目等。这类广告可引起客人的兴趣,其广告效果相当显著。

(7)其他印刷品、出版物上的广告

如在电话号码本、旅游指南、市区地图、旅游景点门票等处所登载的酒店宴会广告。

2)名称宣传

一个特有的酒店,它的名称只有符合目标顾客,符合酒店经营宗旨,符合顾客消费水平才有宣传力。酒店名称必须易读、易写、易听和易记。名称字数要少而精,以2~5个字为宜。酒店名称的文字排列顺序应考虑周到,避免将容易误会的字体和易于误会的同音字排列在一起。餐厅名称必须方便联络,容易听懂,避免使用容易混淆的文字、有谐音或可联想的文字。名称字体设计应美观,容易辨认,容易引起顾客注意,易于加深顾客对企业名称的印象和记忆。

3)电话宣传

电话宣传,是指宣传人员通过打电话给可能成为客人的人员或单位来推销宴会项目和服务的方法。电话宣传的目的是为了达到直接促销的效果,或约定一个通话或见面时间,以便进一步推销。也可以像分类报纸广告一样,以提供电话来推销服务,以便客人打电话来预约。进行电话宣传时,交流双方只闻其声,不见其人。因此,要求宣传人员特别认真地听取客人的意见,了解客人的消费意图。电话预订不能代替人员推销访问,但与派人员上门宣传相比,电话宣传费用低、费时少,因此,宣传人员要积极利用电话进行推销。

4)电子宣传

电子宣传是近年来比较流行的一种方法,它很可能成为极有吸引力并被广泛采用的方法之一。电子宣传可以节约很多开支。印刷品广告可以根据需要,少量做一些,更多的可以采用给潜在顾客发送电子邮件的方法。电子宣传可以直接发电子邮件,也可以在电子邮件中提供相关的信息连接。当然,仍然可以采用直接邮寄,但电子邮件可以节约下不少印刷和邮寄费用。尽管电子宣传不能取代电话宣传的真人联系,但至少电子邮件可以起到提醒作用。电子邮件唯一的缺点是垃圾邮件问题。由于现在很多互联网运营商为用户提供辨别垃圾邮件服务,所以,当你使用电子宣传方式给一个群组发送相同的邮件时,必须要确定所发送信息不被当作垃圾邮件处理。

5)口碑宣传

口碑,也就是由顾客的口头推荐或宣扬某一宴会厅的优点或特点。由于口碑是顾客的自发行为,故容易获得他人的信任,并具有客观性。但这必须要求宴会厅本身在其产品与服务方面的确有值得推荐之处才行,所以宴会厅在这两方面需能做到严格的品质管理,建立名不虚传的形象,这就是俗称的金字招牌。口碑不单指顾客仅说某宴会厅怎么好,值得惠顾,也有说宴会厅的产品如何不对胃口,服务如何不令人满意等。若遇到这种情形,宴会厅不管在其他的广告宣传中花多少钱,费多少心血,恐怕也会徒劳无功。众口铄金,顾客的口碑不佳,宴会厅的营运实在很难好起来。所以经营者必须尽量让企业不给顾客留下不良的印象。

6)赠品宣传

酒店也常采用赠送礼品的方式来达到宣传的目的。但是赠送的礼品一定要使企业和顾客同时受益才能达到理想的宣传效果。通常赠送的礼品有菜肴、酒水、生日蛋糕、水果盘、贺卡、精致的菜单等。贺卡和菜单属于广告性的赠品。贺卡上应有企业名称、宣传品和联系电话。菜单除了餐厅名称、地址和联系电话外,应有特色菜肴。这种赠品主要起到宣传酒店宴会的特色和风味,使更多的顾客了解酒店,提高知名度的作用。菜肴、蛋糕、水果盘、酒水等属于奖励性赠品。奖励性赠品要根据顾客消费目的、消费需求和节假日有选择地赠送,以满足不同顾客需求,使他们真正得到实惠并提高酒店的知名度,提高顾客消费次数和消费数额。采用赠品宣传必须明确宣传目的:是为了扩大知名度,还是为了增加营业额等。只有明确赠品宣传的目的,才可按各种节目和顾客消费目的对赠品作出详细的安排,以便使赠品发挥宣传作用。赠品宣传应注意赠品的包装要精致,赠送气氛要热烈,赠品的种类、内容、颜色等要符合赠送对象的年龄、职业、国籍和消费目的等。

7)菜肴展示

菜肴展示是指通过在餐厅门口和内部陈列新鲜的食品原料、半成品菜肴或成熟的菜肴、点心、水果及酒水等增加产品的视觉效应,使顾客更加了解酒店宴会宣传的产品特色和质量。并对产品产生信任感,从而增加促销量。许多企业在餐厅内陈列新鲜的海鲜,并且明码标价,随顾客挑选,然后按顾客的要求进行制作,并免收加工费,从而促进了菜肴的推销。

8) 地点宣传

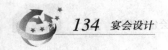

酒店的地点在经营中占有重要的位置。许多酒店装潢非常有特色,宴会质量也非常好,但是经营状况并不乐观,究其原因往往是地点的问题。餐饮业与制造业不同,它们不是将产品从生产地向消费地输送,而是将顾客吸引到酒店购买产品,因此酒店地点是餐饮经营的关键。著名的美国酒店企业家爱尔斯沃斯·密尔顿·斯塔勒(Ellsworth M. Statler)在论述酒店的地点时说:"对任何酒店来说,取得成功的三个根本要素是地点、地点、地点。"酒店应建立在方便顾客到达的地区。酒店所在地区与市场范围有紧密的联系。确定酒店经营范围时,要注意该地区的地理特点。如果设在各条道路纵横交叉的路口,会从各方向吸引顾客,它的经营区域是正方形;如果设在公路上,它可以从两个方向吸引顾客,其经营区域为长方形。当然设在路口的酒店比设在公路上的酒店更醒目。在选择酒店地点时,必须调查是否有与本企业经营相关的竞争者,并调查该企业的经营情况。此外必须慎重对待各地区的经营费用等。

9) 绿色宣传

绿色宣传指酒店以健康、无污染食品为原料,通过促销有利于健康的工艺制成的菜肴,达到保护原料自身营养成分,杜绝对人体的伤害,以及控制、减少各种污染和对环境的破坏的目的。

绿色宣传从原料采购开始。作为食品采购人员,首先要控制食品原料来源,采购自然无污染原料、绿色食品原料,尽可能不购买罐装、听装及半成品原料。大型高档酒店可建立无污染、无公害原料种植基地和饲养场所。如青岛"海梦园"大酒店建立了属于自己的蔬菜基地,自产自销,从而保证了原料的卫生、安全、营养。

10) 网络宣传

网络宣传是以互联网络为媒体,以新的宣传方法和理念实施宣传活动,从而更有效进行宴会销售。网络宣传可视为一种新型的宣传方式,它并非一定要取代传统的宣传方式,而是利用信息技术,重组宣传渠道。互联网络较之传统媒体,表现丰富,可发挥宣传人员的创意,超越时空,信息传播速度快,容量大,具备传送文字、声音和影像等多媒体功能。如网上餐饮广告,可提供充分的背景资料,随时提供最新信息,可静可动,有声有像。在面对日益激烈的餐饮市场,企业要在竞争中生存,必须了解和满足目标顾客的需要,树立以市场为中心、以顾客

为导向的经营理念。而网络宣传能与顾客进行充分沟通,从而实施个性化的产品和服务,这是传统的宣传方法难以做到的。目前我国一些酒店建立了自己的网站,进行产品介绍。还有一些酒店已经开始网络宣传。现在国外酒店业普遍采用网上介绍、网上订餐和网上点菜等。如必胜客公司可网上订餐、下载优惠券;肯德基和麦当劳公司可下载优惠券。

7.3 宴会促销方案设计

宴会促销是酒店营销活动过程中的重要环节。宴会厅经营的场地成本、人工成本等固定成本相当高,一旦闲置,势必造成巨大浪费。因此,宴会厅除进行一般喜庆宴会、团体宴会、展示会、发表会、酒会之外,还需进行一些促销活动以争取更大的客源与更多经营收入,同时通过促销平衡宴会厅旺季和淡季的营业差额。简单地说,促销其实就是以比较优惠的价格争取特定客源的促销活动。毕竟许多团体由于本身预算问题,再加上认为酒店消费过高的潜在意识,很少到酒店举办宴会,因此酒店便需要针对某种特定团体进行多样化的促销,以吸引顾客消费。

宴会用餐能为酒店带来大笔利润。开展有效的宴会促销活动,不仅能保证宴会在经营上取得最佳经济效益和社会效益,还有助于提高宴会设计师的综合筹办能力,丰富完善整个宴会活动计划。

7.3.1 宴会促销人员的选择

由于酒店宴会产品的自身属性,使它与其他行业的产品相比面临许多挑战。如宴会产品的无形性、不可储存性,产品质量不一致性、难控制性以及人们消费观念的转变等因素。酒店除做好市场调研,制定正确的宣传策略外,还必须建设一支过硬的宴会促销队伍。

宴会促销是一项专业性很强的工作,其任务是代表酒店与外界洽谈并推销宴会产品。因此,必须挑选有敬业爱岗精神和餐饮工作经历、了解市场行情和有关政策、应变能力强、专业知识丰富、身体健康的人员担任此项工作。具体来说,宴会促销人员应符合以下五个要求。

①了解本酒店能提供的各种宴会产品,以及宴会场所的面积、功能、状态等,并能根据客人的要求作出反应和设计编排宴会活动计划。

②清楚本酒店各类菜肴的加工过程、口味特点、成本核算,针对季节和人数的变动,以及市场需求的变化等,对菜单提出调整的建议。

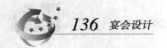

③熟悉酒水知识和酒水服务，能根据不同的宴会活动建议和帮助客人选择酒水。

④了解各种宴会的不同标准、竞争对手的价格情况，并有应付讨价还价的能力。具有良好的沟通能力，能解答顾客就宴会活动提出的各种问题。

⑤具有良好的思想素质和身体素质，有主人翁精神，兢兢业业、反应敏捷、形象气质较好，言谈举止得体大方。

7.3.2 宴会促销材料的准备

1）宴会菜单

宴会菜单样本就像产品说明书一样，起着对宴会产品进行介绍和推销的作用。样品菜单是非正式菜单，销售部门要准备几套不同档次的宴会、团体用餐的样本菜单，然后根据客人要求确定正式宴会菜单。菜单样本应印制得美观悦目，应附上特色菜肴的彩色照片，以减少客人购买的顾虑。

2）宴会酒单

宴会酒单的品种不必包括餐厅供应的全部产品，主要是提供符合宴会和团体用餐的酒水。对于名酒要作一定的介绍。酒单要根据种类、价格的高低来分类，以吸引不同需求的客人。

3）宴会宣传单或小册子

宴会宣传单或小册子，是销售人员进行销售访问、信函推销以及在报纸杂志上做广告的基本推销工具。销售人员可以宣传小册子向客人介绍宴会产品，也可将广告单寄给潜在客人或刊登在报刊、杂志上。宴会宣传单或小册子的基本内容主要包括以下几方面。

(1)宴会设施

宣传单或小册子要列明宴会厅的环境、餐桌的摆台、宴会厅的接待能力。宴会设施的宣传要尽量利用图片和照片。宴会设施的照片要逼真，照相时要将宴会厅布置好，餐桌布铺好，餐具摆好，鲜花布置好，要使潜在客人看到设施的全面情况。这种照片为客人提供一种证据，使客人产生好感和信任感，它往往比文字描述效果更好。

(2)平面布局

客人选择宴会厅举行宴会时，会了解宴会厅和多功能厅有否足够的接待能力。为使客人信服宴会厅的设施能保证宴会成功,宴会部人员要列出多功能厅的布局和接待人数。

(3)经营项目

要介绍宴会厅能举办中式宴会还是西式宴会,能否举办酒会、自助餐宴会、婚宴、小型商务宴会、生日宴会等。

(4)菜肴特色

宣传宴会厅菜肴的菜系和特色,可以通过显示宴会菜单以及展示漂亮菜肴照片来进行。为解除客人对价格太高的疑虑,可在介绍菜肴的同时列出菜肴价格。

(5)成功经验

宣传单和小册子要介绍宴会厅以前接待各种宴会的成功经验,这样可以用客人对宴会成功的赞许来扩大宴会厅的声誉。

(6)烹调技术

良好的烹调技术是客人来宴会厅举办宴会的重要原因。烹调技术差导致客人不悦,是宴会主持人最担忧的问题。宣传宴会厨房烹调师良好的烹调技术,可以使客人愿意并放心地选择宴会厅举行宴会。新加坡凯悦饭店以"在你一生最重要的日子里,谁是你最重要的男人"作为宴会广告的标题,说明厨师的烹调技术是婚宴成功的关键。

7.3.3 宴会促销的形式与方法

宴会促销可以分为内部促销和外部促销两种。外部促销是指通过一定的促销手段,把客人吸引到自己的宴会厅来;内部促销是指设法使上门的客人在举行宴会中多消费,这种促销方法甚至可成为多次消费的客人自觉不自觉地宣传在本宴会厅举办宴会的优点的手段。

宴会促销的形式,是指将有关宴会信息传递给客人的方式和渠道。它可以分为两大类:第一类是人员传递信息的形式,包括推销员与客人面谈的劝说形式,通过社会名人和专家影响目标人群的推销形式,通过公众口头宣传而影响其相关的群体的社会影响形式;第二类是非人员促销形式,包括通过各种大众宣传媒介的推销,通过宴会厅装潢气氛设计特别而吸引顾客的环境促销,以及通过特殊事件进行促销等。

1)人员推销

人员推销,是宴会部推销人员与客户接触、洽谈,向客户提供信息,使客人一次或多次来宴会部举办宴会的过程。在此过程中,促销员直接向客人介绍宴会经营项目和特点,同时也征求客人的消费意见。

(1)收集信息

宴会促销要建立各种资料信息簿,建立档案,注意当地宴会市场的各种变化,了解当地宴会活动开展情况,寻找推销的机会。特别是那些大公司和外商机构的庆祝活动、开幕式、周年纪念、产品获奖、年度会议等信息,都是极好的推销机会。通过收集信息,可发现潜在的客户,并进行筛选。

(2)计划准备

在上门推销或与潜在客户接触前,推销人员应做好促销访问前的准备工作,确定本次访问的对象,要达到的目的,列出访问大纲;备齐推销用的各种有关餐饮资料,如:菜单、宣传册、有关活动的照片和图片等。

(3)促销访问

促销访问一定要守时,注意自己的仪容和礼貌,要作自我介绍,并直截了当地说明来意,尽量使自己的谈话吸引对方。

(4)产品介绍

针对所掌握的客户需求进行介绍,其重点是宴会的产品和服务的特点,以便引起客户的兴趣。介绍时要突出所能给予客户的好处和额外的利益,要设法让对方多谈,从而了解客户的真实要求。证明自己的宴会菜品和服务最能适应客户的要求。在介绍宴会产品的服务时,可以借助于各种资料、图片。

(5)商定交易

要善于掌握时机,商定交易。要使用一些推销策略,如代客户下决心,给予额外的利益和优惠等,争取预订更多更好的菜品。

(6)跟踪推销

如果推销人员希望客户满意,并与对方保持业务往来,就需在促销访问后,进一步保持联系,采取跟踪措施,逐步达到确认预订。假如不能成交,则要通过分析原因,总结经验,保持继续向对方进行推销的机会。

2)节日促销

节日是人们庆祝和娱乐的时光,是酒店举办特殊推销活动的大好时机。产品的推广促销要抓住各种机会甚至创造机会吸引客人购买,以增加销量。在节假日搞酒店宴会推销,需要将宴会厅装饰起来,烘托节日的气氛。厨房配合宴会厅一般每年都要做自己的促销计划,尤其是节日促销计划,使节日的促销活动生动活泼,富有创意,以取得较好的促销效果。并且,酒店管理人员要结合各地区民族风俗的节庆组织推销活动,使活动多姿多彩,使顾客感到新鲜。

(1)春节

春节是我国具有悠久历史的传统节日,也是让在中国过年的外宾领略中国民族文化的节日。利用这个节日可推出中国传统的饺子宴、汤圆宴、团圆守岁宴等。同时举办各种形式的宴会伴随着守岁、撞钟、喝春酒、谢神、戏曲表演等活动,丰富春节的活动,用生肖象征动物拜年来渲染宴会气氛。

(2)元宵节

农历正月十五,在酒店举办以团员、元宵为主题的宴会时,可结合我国传统的民间活动进行促销,如猜灯谜、舞狮子、踩高跷、看花灯、扭秧歌等。

(3)中国情人节

农历七月初七鹊桥相会,这是一个流传久远的民间故事。将"七夕"进行包装渲染,印制"七夕"外文故事和鹊桥相会的图片送给客人,再在餐厅扎座鹊桥,让男女宾客分别从两个门进入餐厅,在鹊桥上相会、摄影,再到餐厅享用情侣套餐,两人一起品尝着诸如彩凤新巢、鸳鸯对虾等特选菜式,这将别有一番情趣。

(4)中秋节

中秋晚会,可在庭院或室内组织人们焚香拜月,临轩赏月,增添古筝、吹箫和民乐演奏等,并推出精美的月饼自助餐,品尝花好月圆、百年好喝、鲜菱、藕饼等时令佳肴,共享亲人团聚之乐。

中国的传统节日还有很多,如清明节、端午节、重阳节等,只要精心设计,认真加以挖掘,就能制作出一系列富有诗情画意的菜点,以借机推广促销。

(5)圣诞节

12月25日,是西方第一大节日,人们着盛装,互赠礼品,尽情享受节日美餐。在酒店里,一般都布置圣诞树和小鹿,有圣诞老人赠送礼品。这个节日是酒店宴会产品进行推销的大好时机。一般都以圣诞自助餐、套餐的形式来招徕客人,推出圣诞特选菜肴,如:火鸡、圣诞蛋糕、圣诞布丁、碎肉饼等,唱圣诞歌,组织举办化装舞会、抽奖等各种庆祝活动。圣诞活动可持续几天,酒店宴会部门还可用外卖的形式推广圣诞餐,从而扩大销售。

(6)复活节

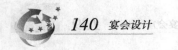

每年春分月圆后的第一个星期日为复活节。复活节,可绘制彩蛋出售或赠送,推销复活节巧克力、蛋糕,推广复活节套餐,举行木偶戏表演和当地工艺品展销等活动。

(7)情人节

2 月 14 日,这是西方一个浪漫的节日,厨房可设计推出情人节套餐。推销“心”形高级巧克力,展销各式情人节糕饼。特别设计布置“心”形自助餐台,推广特别情人自选食品,也会有较好的促销效果。

西方的节日也还有很多,如感恩节、万圣节、开斋节等,它们不但在外国客人中有,对国内客人也越来越具有吸引力,所以也可以通过这些节日,大量地推广促销自己的菜点。

3)内部宣传促销

在酒店宴会促销中,使用各种宣传品、印刷品和小礼品、酒店内广告进行促销是必不可少的。常见的内部宣传品和方式有以下几种。

(1)定期活动节目单

酒店将本周、本月的各种宴会活动、文娱活动印刷后放在餐厅门口或电梯口、总台发送、传递信息。也可以将这些信息进行特别设计处理,例如:写在口布上;写在扇子上;印染或书写在布帘上;直接写在桌面;写在墙壁所挂的大型汤匙或其他饰物上;写在 CD,VCD 封套上;写在茶杯垫上;写在服务员制服上等,以引起客人关注,增加宣传效果。

(2)酒店门口告示牌

招贴诸如菜肴、特别套餐、节日菜单和增加新的服务项目等。如秋季螃蟹上市,在大厅旁或电梯边张贴色泽艳丽、形象诱人的螃蟹广告来推广销售等。

(3)菜单促销

固定菜单的促销作用是毋庸置疑的,各类特选菜单、儿童菜单、情侣菜单等对不同的宾客均有推广促销作用。

(4)电梯内餐饮广告

电梯的三面通常被用来作酒店宴会产品的促销广告。陌生人一起站在电梯内是较尴尬的,周围的文字对其则更有吸引力,也能更好地取得效果。

(5)小礼品促销

为了鼓舞顾客光顾酒店,酒店常常在一些特别的节日和活动时间,甚至在日常经营中送一些小礼品给用餐的客人,这些小礼品要精心设计,根据不同的对象分别赠送,其效果会很理想。常见的小礼品有:生肖卡、特制的口布、印有餐厅广告和菜单的折扇、小盒茶叶、卡通片、巧克力、鲜花、精致的筷子等。

值得注意的是,小礼品要和酒店的形象、档次相统一,要能起到好的、积极的宣传促销效果。在实施小礼品促销前,应进行必要的预算。在有限的预算范围内,可以寻找购买价廉而富有意义的物品。"价廉"并不意味着低质,尤其在开支预算,选择礼品时,应当切记一点,与其大量赠送低价的礼品,不如用同等的价钱买精致的礼品。例如,赠送一打劣质的汤匙,不如送一个品质优良的杯子更受欢迎。赠品是联系客人的最佳沟通渠道,因此,应特别注意其设计或选购的独创性、纪念性和实用性。

另外,内部宣传促销还可借助酒店自办录像的方便,穿插播放特别推广和销售的精美的宴会产品,给客人以直觉形象的宣传。

4)服务技巧促销

服务技巧促销寓促销服务中,是常见而有效的方法,它不仅可以起到推广销售的作用,同时还可以渲染和活跃宴会环境气氛。

(1)利用客人点菜的机会促销

客人点菜是服务员促销的最佳时机。在客人点菜时,服务员应主动向客人提出各种建议,促使就餐客人的消费数量增多或消费价值更高。

(2)餐厅现场烹制促销

餐厅营业过程中,将部分菜肴的烹制过程放在餐厅里完成,或将某些菜点的最后烹调过程让服务员在餐桌上完成,如中餐烹调中的铁板大虾、锅巴虾仁、火焰醉翁虾……西餐中的生煎牛排、煎蛋、餐厅烤面包……让客人看到菜肴烹调过程,闻其香,观其色,看其形,从而促使客人产生冲动和决策,使餐厅获得更多的销售机会。

(3)菜点成品试吃或现场加工促销

对于一些需要特别推销的菜点,可由服务员用托盘或餐车将菜点推送到客人的桌边,先让客人品尝一点,如喜欢就现点,不合口味则请点其他菜点。对一些鲜活且又名贵的原料,在客人确定之后,当面进行原料的初加工,这既是一种特别的促销,也体现了良好的服务。

5)其他优惠促销方式

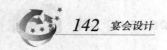

通过各种优惠的方式,吸引客人前来餐厅就餐,在很大程度上对广大的消费者均有吸引力。优惠的方法有以下几种。

(1)打折优惠

为加速客人流动,提高餐厅翻台率,利用打卡钟在账单上做时间记录,凡用餐时间不超过15分钟的客人,折扣优惠,极具吸引力。除此之外,还有其他打折优惠的方法:①自助餐方法,降低价格;②带伴的宾客九折优惠;③小姐可以享受特别优惠价,以吸引更多的客人用餐;④采取团体优惠制度;⑤每月19日,凡是19岁的客人八折优惠;⑥与附近的商店、公司联合发行优惠券。

(2)举办优惠日活动

为了吸引和稳定客源,可借各种名义,酬谢老顾客,定期举办优惠日活动,如每月举行一次食品的免费招待。针对不同节日、不同对象,开展优惠活动,如重阳节老年人一律半价优惠。

(3)优惠时间

为调解客人就餐节奏,减少旺淡忙闲不均现象,可选择一定的时间段进行优惠促销。如播放某首特别歌曲的时候,凡在场的客人均可被奉送某道菜点;预订优惠时段,凡此段时间光临的客人,可获得免费赠送的调味小菜或饮料等。

(4)奖品优惠

法国某著名餐厅,自开业起赠送首次光临的客人编有连续号码的明信片,以便辨认有多少位客人光临。奖品优惠的作法有:①凡第一位或第一万位光临的客人,免费赠送裱花蛋糕一个及饮料一杯等;②账单北面让宾客填上姓名、地址,每月举办公开抽奖赠送活动,趁此机会可以收集宾客的名录;③连锁的餐饮店,可以举办走遍连锁店盖满图章者,可获精美赠品的活动。

(5)招待券

区别客人结构,制定不同的招待方案,如:

①宴会厅内设置房地产、股票信息一览表。

②酒店内设置明星资料档案。

③宴会厅布置有征求笔友专栏等。

(6)抽奖促销

抽奖促销通常是酒店对消费额达到一定标准的就餐顾客给予的抽奖机会,

通过设立不同等级的奖励，刺激顾客的即时消费行为。抽奖可采用逐级增加奖品贵重程度，同时使抽奖度增加的方式。

(7)其他优惠

如为当天过生日的消费者，免费在当地报纸上刊登生日祝贺词，包括顾客出生姓名、出生年月等。

7.3.4 宴会促销案例

1)情人节促销

每年2月14日是西方情人节，又名“圣瓦伦丁节”。传说圣瓦伦丁带头反抗罗马统治者对基督教徒的迫害，被捕入狱，入狱后典狱长的女儿为他的凛然正气所折服，爱上了他。公元270年2月14日这天罗马政府下达了对他的死刑判决。临行前，圣瓦伦丁给典狱长的女儿写了一封信，表明了自己光明磊落的心迹和对她的一片情怀。使得刑场上的人深受感动，自此以后，基督教徒便把这一天定为情人节。近年来由于受西方的影响以及媒体的炒作，年轻人已对这个西方的节日情有独钟。酒店正好锁定这个消费群，设计不同的情人节套餐或舞会等促销专案。例如，推出情人节舞会套餐或情人节温馨套餐，在卖场设计上用心形饰物、花朵、音乐合、精美贺卡来装饰。并播放欧美的经典爱情歌曲，如:《Can You Feel the Tonight》《I Will Always Love You》《Without You》等。酒店宴会部门在做情人节专案时考虑到情侣的特点，多用小桌设二人座，并在当天更换灯泡，把光线调低，准备蜡烛，餐桌上摆放玫瑰花或祝福贺卡，把餐厅布置得温馨甜蜜。菜肴多选用象征爱情美满的菜名，如甜甜蜜蜜、心心相印等。

2)中秋团圆宴促销

农历八月十五，是我国民间的传统中秋佳节，据传已有两千多年的历史了。我国古代帝王有春天祭日、秋田祭月的礼制。《礼记》中记载:“天子春朝日，秋朝月。朝日以朝，夕月以夕。”这里的“夕月”即拜月之意。古代把农历每季的三月，分成为孟、仲、季。八月正是秋季的正中，十五又是仲月的正中，所以中秋也被称为“仲秋”。中秋节赠送月饼、家人团聚、供奉月亮是重要的内容。所以在策划专案时要把月饼与团圆联系起来，如设计月饼与团圆套餐的礼券，购月饼赠团圆宴的活动。在设计中秋卖场也要结合月亮做文章，如登台望月、泛舟赏月、饮酒对月等，所以有条件的酒店可以将卖场延伸至露天或平台，以圆桌菜、自助

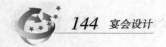

餐形式均可,可提供团员吉祥菜肴,并含有月饼、芋艿、桂花酒等。在露台上设置香案,摆上供品,有月饼、瓜果、藕,给就餐的人士提供祭拜月亮的场所。

3)圣诞节促销

12月25日为圣诞节,圣诞节是纪念耶稣诞生的日子,但今天已不仅仅是原来意义上的宗教节日了,是西方国家盛大的年节。一般酒店或饭店在12月24日平安夜和25日、26日三天举行圣诞大餐,以西式自助或西式大餐的形式出现,同时包括圣诞舞会或圣诞晚会,价位将比平常高出很多,但卖场的策划设计费用比其他活动都高。圣诞的装饰将在11月底就开始布置,室外由彩灯、满天星、光纤维等发光器材组成或装饰有"圣诞树""圣诞老人""鹿拉雪橇"和文字及其他装饰,大厅有圣诞屋、圣诞花环、圣诞礼品等,以及选用圣诞节的传统曲目《Silent Night(平安夜)》《White Christmas(白色圣诞)》《We Wish Your Merry Christmas(圣诞快乐)》《Jingle Bells(铃儿响叮当)》等作为背景音乐。

4)除夕年夜饭促销

除夕夜一向是中国人全家大小团圆聚餐的时刻。在传统的过节方式中,人们从年前忙到年后,穿梭于炉灶之间,为张罗团圆饭筋疲力尽。近年来,城市中已有许多家庭选择到酒店享受既精致美味又省时省力的年夜饭。所以许多酒店便看好这一消费市场,大力推行除夕年夜饭专案的促销活动,以烹调美味的时令佳肴与象征好彩头的菜肴名称,营造出除夕夜年夜饭欢乐温馨的气氛。对顾客而言,除夕夜到酒店吃团圆饭不但免去事前张罗及饭后收拾善后的辛劳,更能借机享受酒店所提供的精致美食和完善服务;对酒店而言,则可将过年这段原本生意较为清淡的时间进行有效的利用,增加营业额,两全其美。此外,有些酒店在过年期间,酒店有资源从事"外带"套餐的方式,将一些平日仅见于餐馆的菜肴提供顾客外带回家享用,颇受大众喜爱,或提供厨师上门服务。这种外带餐饮和上门服务的经营方式不仅满足了现代人省时省力、喜好享受的需求,更顺应了除夕夜在家团圆用餐的习俗,不失为酒店促销的方法之一。

5)婚宴促销

婚宴是宴会的重要来源,婚宴的主要客源是当地居民。销售人员可以到婚姻登记处了解将要进行婚礼的名单,然后给这些人邮寄婚礼推销材料和菜单。广告是婚礼推销的有效手段,因为婚礼是一种大众性的客源,往往是一次性的生意。许多酒店在当地报纸上刊登举行婚礼的广告。还可以利用免费提供新婚礼服、接送新婚夫妇、婚礼照相服务、特邀乐队演奏、结婚蛋糕等推销措施来吸引客人。例如，天津凯悦酒店以大篇幅刊登婚宴广告，根据新婚夫妇的特殊需要提供各种实惠，广告上刊登接待婚礼的优惠价格，菜肴图片以及免费提供新婚洞房等特殊优惠，增加了婚宴产品的吸引力。

思考与练习

1. 根据宴会成本核算方法，制定宴会菜点的价格成本项目表。

2. 怎样才能有效地对宴会进行宣传？

3. 宴会的促销活动有哪些？

4. 每年的2月14日为西方情人节，中国情侣和外国情侣一样沐浴在温馨甜蜜的氛围中。请为“情人节”设计一个促销方案。

5. 如何对宴会设计进行有价值的评估？

小知识链接

1. 打造品牌效应。如绿色环保餐厅“小肥羊”，在环保事业深入人心、绿色食品大行其道的大趋势下，来自草原的“小肥羊”，体现出一种对人类健康的终极关怀，并且在路牌、电视等不同的媒体上以一致的理念进行传播，创造出一种品牌感动，拉近了消费者与小肥羊的距离。

2. 菜单设计凸现餐厅文化特色。如一家名叫“车港渔村”汽车文化主题餐厅，餐厅的菜单扉页上说明欢迎八类人光临：喜欢车的人，研究车的人，设计车的人，制造车的，卖车的人，开车的人，修车的人，管车的人。这家餐厅有两种菜单，一种是普通点菜单，满足客人用餐需要；一种是汽车菜单介绍各种汽车小知识，客人可以从中找到精神食粮。

资料链接

1. http://www.canyin168.com/glyy/yxch/yxgl/200612/7665.html

2. http://www.edp8.com/article/show.asp?id=14591

3. http://plan.eexb.com/algs/

第8章

主题宴会设计

【学习目标】

通过本章的学习,学生能理解主题宴会的“主题”特征,知道主题宴会策划的思路和策划程序,综合运用宴会设计的各项设计技能,达到当前主题宴会设计的能力要求。

【知识目标】

理解主题宴会的内涵,具备主题宴会策划与构思的相关知识点。

【能力目标】

能读懂他人设计的特色主题宴会和经典案例,会策划主题宴会,综合运用酒店服务技能实施主题宴会的设计与准备。

【关键概念】

主题宴会　主题宴会特征　策划思路　文化主题　区域特色主题　事件主题　酒店特色主题　设计程序

问题导入:

前面的7章篇幅讲述了宴会设计的各个环节,对宴会从接待到实施的完整过程有了较清晰的了解。在最后一章中进行融合,有人称为“化学反应”,即在原有的基础上进行一次提升与飞跃。本章想通过主题宴会的策划、设计达到知识与实践的融通,并能解决一些实际案例,特别是要适应当前许多酒店对主题宴会设计的需求。

8.1　主题宴会概述

主题宴会活动的策划，是近年来餐饮行业常用的一项营销活动。“特色化”的主题宴会成为饭店创造优势的利器，也成为塑造餐饮企业品牌的有效途径之一，因而餐饮企业的管理层都十分重视主题宴会的设计，并倾力打造。

8.1.1　主题宴会

主题宴会是指围绕一个或多个历史文化或其他主题为吸引标志，向顾客提供宴会所需的菜肴、基本场所和服务礼仪的宴请方式。[①] 餐饮企业在组织策划各种主题宴会的时候，会根据时代风尚、消费导向、地方风情、客源需求、社会热点、时令季节、人文风貌、传统民俗、菜品特色等因素，选定某一主题或几个主题（有主次、系列之分）作为宴会设计的中心内容，此内容就成为宴会的主题，统领着整场宴会始终。

主题宴会与主题酒店的关系密切。一种观点认为主题宴会是主题酒店产生的衍生物，有什么样的主题酒店，就会产生相应的主题宴会，如湖北武汉猴王大酒店，其策划的一系列主题宴会与古典名著《西游记》有关。猴王酒店于 1996 年研制推出了以“西游记”为题材的西游文化主题美食——“蟠桃宴”，“蟠桃宴”已成功开发了深受欢迎的西游文化故事宴会，现已推出水帘洞宴、花卉宴、昆虫宴等。“蟠桃宴”餐厅场景根据西游记中对王母娘娘蟠桃园的描绘设计而成，就餐环境“秀色可餐”。“鲜尝蟠桃真味，体验神仙生活”，与猴王大酒店的主题定位十分吻合。另外一种观点认为，主题宴会的成功为主题酒店定位起到了决定性作用。金华宾馆是一家国营的老三星级酒店，2001 年改制后，新业主大胆创新，选择了“火腿宴”作为开张后推出的第一个美食节，同时结合了市政府的火腿文化博览会，一举成功，名扬省内外。金华火腿是金华最为盛名的特产，以其传统文化为背景开发出一系列火腿菜点，组合成火腿主题宴会。在近几年当中，无论是旅游团、政府招待、散客都会慕名到金华宾馆去享用“金华火腿宴”，渐渐地金华宾馆就成为远近闻名以经营火腿产品定位的主题酒店。由此，主题宴会不但是主题酒店的主打品牌，也能为主题酒店确立主题定位。

主题宴会与普通宴会的关系。主题宴会是普通宴会的更高层次，它与普通

---

① 刘澜江，郑月红．主题宴会设计[M]．北京：中国商业出版社，2005．

宴会相比有自己的特征与作用。简单地说,具有普通宴会的形式,富有鲜明的主题,是两者的有机融合。

8.1.2 主题宴会特征

主题宴会特征除了具有普通宴会的聚餐式、规格化、社交性、礼仪性四大基本特征外,主要还有主题鲜明性、利益丰厚性等特征。

1)主题鲜明性

举办主题宴会需紧扣鲜明的主题才会成功,它的最大特点是赋予宴会以鲜明的主题,并围绕既定的主题来营造气氛、确定菜点风味、设计环境、安排活动、设计台面等,甚至服务的形式也与主题相对应。主题宴会从内容到形式、从后台到前台,都一一渗透着主题脉络。如西安唐城宾馆,在唐宫中进行,顾客据案而坐,菜单做成卷轴状。餐具、酒杯均仿唐制。服务员们身穿唐装,发髻高高挽起,伺候在旁。宴会开始,由一名"宦官"手执拂尘,宣读"圣旨",说明宴会名目、性质。乐队奏起丝竹,大家举杯相敬。每上一道菜,都有"官家"出面宣读菜名,解释菜品富含的文化韵味。席间还表演唐乐舞,吟诵唐诗。喝的酒是李太白、杨贵妃喝过的"黄桂稠酒",吃的菜、面点、羹汤以唐韦巨源《烧尾宴食单》中给唐中宗进献的食品为主,共数十道,由顾客预先商定。西安唐城宾馆的仿唐宴设计的各个环节,都突出唐代文化的特质,主题特征相当鲜明。

主题宴会的鲜明性最主要是表达了宴会主题的单一性,一场宴会只有一个主题,只突出一种文化特色。推出某一个主题宴时,要求主题个性鲜明,与众不同,形成自己独特的风格。

2)利益丰厚性

主题宴会的利益可以从两方面理解,一是主题宴会为酒店直接赢得高利润、高回报;二是为酒店创造不可估量的无形价值,如品牌塑造。主题宴会的高规格、个性化设计,必然形成高消费、高收益特征。相比较而言,主题宴会的毛利率远远高于普通宴会,因而主题宴会收入及利润会成为酒店餐饮的主要经营效益。如杭州酒家的胡宗英大师曾于2005年推出过"乾隆御宴",16万元一桌,该宴脱胎于清代的"千叟宴",可谓中国饮食文化的经典之作,并因其豪华的"天价"而成为当年杭州餐饮界的一大新闻。杭州酒家因承办"乾隆御宴"而名声远播,既扩大了企业知名度、打造了品牌,又为企业获取了丰厚的利润,可谓一箭双雕。

8.1.3 主题宴会种类

主题宴会的分类与前面宴会概述中的分类不一样,主题宴会的分类是按照不同主题进行再细分。一般来说,按宴会主题大体上可以分为以下几类。

地域、民族类主题,如以地方风味为主题的宴会:钱塘宴、运河宴、长江宴、长白宴、岭南宴、巴蜀宴、蒙古族风味、维吾尔族风味以及泰国风味、日本料理、阿拉伯风味、意大利风味、韩国料理等主题;

人文、史料类主题,如乾隆御宴、大千宴、东坡宴、梅兰宴、红楼宴、金瓶宴、三国宴、水浒宴、随园宴、仿明宴、宫廷宴、射雕宴、黄大仙宴等;

原料、食品类主题,如镇江江鲜宴、安吉百笋宴、云南百虫宴、西安饺子宴、海南椰子宴、东莞荔枝宴、漳州柚子宴、湖州百鱼宴、金华火腿宴、淮南豆腐宴以及传统的全羊宴、全牛宴、全鱼宴、全蛋宴等;

节日、庆典类主题,如春节、元宵节、情人节、儿童节、中秋节、圣诞节以及饭店挂牌、周年店庆等;

娱乐、休闲类主题,如歌舞晚宴、时装晚宴、魔术晚宴、农家休闲宴、影视美食、运动美食等;

营养、养生类主题,如胡公长生宴、美女瘦身宴、黑色宴、道家太极宴、长寿宴、生态食品宴、养生药膳宴等。

总之,主题宴会因不同的主题而种类繁多,精彩纷呈,中华美食因此而大放异彩。

8.2 宴会主题策划

现代企业的经营管理者已越来越意识到,企业的成功,离不开精心的策划。餐饮经营也是如此,首先应明确一个切合经营实际的活动主题,这是经营策划的前提条件。目前,不少餐饮企业往往只重视菜品质量、服务质量,然而发展到一定阶段的现代餐饮企业如果没有好的品牌、特色,不进行主题餐饮的策划,就很难在行业中独树一帜,这就需要餐饮企业要用心策划宴会主题从而为企业奠定战略基础。

宴会主题的策划相当于写文章拟定中心思想一样,思路决定出路,宴会的主题正是把宴会设计的想法表达出来,因而有多少种宴会的形式就有多少种相应的思路。经过梳理总结,有以下策划思路。

8.2.1 宴会主题策划思路

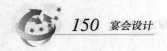

1)从顾客需求的角度分析主题

宴会主题大部分是应消费者需求而产生的,顾客需要饭店设计一个什么样的宴会形式,常常会提出自己的想法与要求,他们的想法就是主题宴会设计主题的"纲"。如婚庆宴会是普通的宴会形式,但婚庆宴会的时间安排在中国某酒店的2008年8月8日,就非同寻常,意义特别。把中国千年奥运与百年好合的主题相融合,在那一天举行婚礼的新婚夫妇都会有这样的要求,对新婚者来讲意味深长,酒店理当满足。顾客的需求是多种多样的,主题宴会也因其多样性而变化。对于现代酒店来讲,不怕做不到,只怕你想不到。但对顾客的需求需要提炼与挖掘,而不是生搬硬套。

2)从地域与酒店特色角度分析主题

我国是一个多民族的国家,不同民族有不同的饮食习惯,如果能够深挖某一区域或民族的文化特色,将民族的服装、饰物、音乐、歌舞、餐具、菜点、习俗、特产等表现出来,形成一个系统化的、完整的主题,就能够吸引消费者。因而以不同国家、地区、民族的特色为主题,成为主题宴会最好的素材。以区域特色来挖掘宴会主题,其内涵非常丰富。如按菜品风味来设计的主题有:八大菜系风味主题。

酒店特色也是宴会主题较好的切入点,许多成功的宴会都是与酒店经营定位或美食节的主题活动完美结合。如扬州西园大酒店中的红楼厅,结合扬州特色、酒店主题运用外景移室内的手法,来设置场景,营造气氛。在红楼厅门口,悬挂着三个精巧的灯笼,其上书写着"红楼厅"三字,步入富丽堂皇的红楼厅,迎面是一座皇家园林式的牌楼,四壁挂满黄绸软缎的幕帘。牌楼下是漆器大地屏,室内摆放着5张平磨螺甸漆器圆桌,室顶悬吊着两只巨大的粉红色的荷花灯。四周的镂花窗上镶嵌着十二金钗的仕女图。地屏前,一张古色古香的漆器炕榻床上放置着贾母、黛玉、宝玉、凤姐等人用过的衣冠服饰,宾客可随意穿戴,上炕品茗,如身临其境,亦可拍照留念。依据红楼厅的特色,丁章华先生结合《红楼梦》史料,磨砺提炼,对餐厅、音乐、餐具、服饰、菜点、茶饮等进行综合设计,展现出美味、丰盛、精致的特点。给人以高层次饮食文化艺术享受的"红楼宴"已名扬海内外。

3)从文化的角度加深主题宴会的内涵

餐饮经营不仅仅是一种商业性的经济活动,餐饮经营的全过程始终贯穿着文化的特性。在策划宴会主题时,更是离不开"文化"二字。每一个宴会主题,都是文化铸就。如地方特色餐饮的地方文化渲染,不同地区有不同的地域文化和民俗特色。如以某一类原料为主题的餐饮活动,应有某一类原料的个性特点。从原料的使用、知识的介绍,到食品的装饰、菜品烹制特点等,这是一种"原料"文化的展示。北京宣武区的湖广会馆饭庄将饮食文化与戏曲结合起来,推出的戏曲趣味菜,如贵妃醉酒、出水芙蓉、火烧赤壁、盗仙草、凤凰巢、蝶恋花、打龙袍等,这一创举使每一个菜都与文化紧密相连。服务员在端上每一道戏曲菜时,都会恰到好处地说出该道菜戏曲曲目的剧情梗概,给客人增加了不少雅兴。

以怀旧复古作为宴会主题策划思路,也是当下较为流行的一种方式。通过历史再现,仿制古代宴会场景,给宾客以身临其境的感受。如西安的"仿唐宴",杭州的"仿宋寿宴",湖北的"仿楚宴"等,都是通过对历史文化的深度挖掘,融入现代文化元素,从而创造出以怀旧复古为主题的宴会。

主题宴的设计,如果仅仅是粗浅地玩"特色",是不可能收到理想的效果的。在确定主题后,策划者围绕主题挖掘文化内涵、寻找主题特色、设计文化方案,制作文化产品和服务,这是最重要、最具体、最花精力的重要一环。独特的主题,运用独特的文化视点,主题宴会自然就会获得圆满的成功。

4)从节日、节事角度分析主题

借助于不同节日,推出与节日的文化内涵相符的宴会形式,如"重阳宴""年夜宴""元宵宴""中秋宴""圣诞风情宴"等。不同的节日都有不同的文化内涵及表现形式,开发节日宴会时应注意有针对性地选择消费群体,如"情人节"的主要消费对象是年轻情侣。

节事、节会的举办随着我国经济发展,成为一支新兴的朝阳业态,即会展旅游。当前我国的会展旅游具有规模大、档次高、成本低、停留时间长、利润丰厚等特点,因而颇受餐饮业重视。为了更好地举办好各种会展活动,与之相配套的餐饮也会围绕会展主题策划出主题宴会。如2006年在浙江金华举办"中国火腿文化博览会"期间,由金华国贸景澜大饭店设计了"金华火腿宴",得到宾客们一致称赞。国家或地区组织重大的节事、节庆活动,也是宴会主题产生的重要源泉,如1997年香港回归的交接晚宴,由李光远先生策划设计的"香港回归宴"为成功的交接仪式画上了圆满句号。

5)从时代趋势角度去分析主题

随着时代发展,人们的生活观念也随着发生变化,会出现许多具有时代感的主题。如饮食观念的变化,由传统的口味观转变为保健养生观,因而应运而生健康饮食主题,这样餐饮企业就会为宾客提供保健养生的就餐环境和菜点的宴会。发展到现在,此类以养生健康为主题的宴会,融入了中国传统文化中的药膳养生的食疗观念,结合了现代人类的健康现状,引导客人科学消费,从而策划了许多以养生为主题的高档宴会。如永康明珠大酒店于2007年以养生为主题设计了“胡公长生宴”,而且该宴被中烹协授予“中华名宴”的称号。

近几年,远离城市的喧嚣,回归到自然的怀抱,已成为众多城市消费人群的首选,因而乡村旅游得到快速发展。以休闲恬淡、体验农家生活为主题的餐饮形式成为新的热点,以农家休闲为主题的宴会是时代的需求。这类宴会活动的主题是借助农家生活的某些场景、氛围、环境、菜肴等,是一种让消费者体验农家风味或山野特色,具有原汁原味性的宴会形式。如上海佘山的森林宾馆利用佘山特产——兰花笋,设计了“兰花笋宴”,颇受上海市民喜爱。

世界之大,宴会主题之丰富多彩,有如此多的可供选择的主题类型。只要主题的定位准确,宴会的产品开发与主题相符,宴会活动就会取得成功。

8.2.2 宴会主题策划注意事项

1)突出主题,张扬个性

宴会的主题设计最忌讳主题多元化而缺乏个性、缺乏特色。有的酒店在设计或确定主题时总是犹豫不决,不知如何取舍,导致面面俱到,看起来繁花似锦,其实不然,这样会导致每个设计环节主题不清晰。另外一个极端是宴会的主题平淡无奇,没有创造性,随大流。推出某一个主题宴时,要求主题应张扬个性,与众不同,形成自己独特的风格。其差异性越大,就越有优势。宴会主题的差异也是多方位的,如体现在产品、服务、环境、服饰、设施、宣传、营销等方面的有形或无形的差异,只要有特色,就能吸引市场人气。

2)名副其实,切忌空洞

近几年来,全国各地涌现了不少的主题宴会,其风格多种多样,有原料宴、季节宴、古典宴、风景宴等。但有许多的宴会主题过大、过于空洞,如号称"中华帝王宴""江南第一宴"等夸夸其谈、口号式的宴会主题,显然名不副实。宴会的主题只做表面文章,追求噱头,导致在设计主题宴会内容时会引起许多问题。特别是那些古典人文宴和风景名胜宴,不少的菜品给人牵强附会之感。把几千年的菜品挖掘出来这确实是件好事,但对有些菜品却不敢恭维,重形式轻市场,华而不实,中看不中"吃";那些风景名胜宴,在盘中摆出山山水水、花花草草,还有亭台楼阁、人和动物,看上去很美,而这种菜品本身不适宜食用,也不敢食用,违背了烹饪的基本规律。宴会主题要做到名副其实,必须使主题与区域特色、酒店定位和宴会内容相匹配。

3)主题不断深化,传承创新

宴会的主题须不断创新和挖掘才会源远流长,继承传统兼收创新,会产生许多新主题。如武汉猴王大酒店在成功创设"蟠桃宴"之后,没有墨守成规,对宴会主题不断深化,推出与《西游记》内容相关的"水帘洞宴""天宫宴""地府宴"等,形成系列"西游文化宴"。主题的创新应符合时代发展,以适应宾客需求为基准,切忌牵强附会。

8.3 主题宴会设计程序

8.3.1 主题宴会预订方案设计

宴会预订的方式很多,最适合主题宴会预订的是面谈预订,因为这种方式能清楚地了解宾客的真正需求。作为承办方,应真诚邀请主办方亲自到宴会现场参观、洽谈。当主办方前往酒店时,承办方需准备足够资料供顾客参考,如场地布局图、餐饮标准收费表、顾客容量表、饮料价目表、器材租借表、名宴场景布置彩图、各类主题宴会菜单等。尽量让主办方对酒店的设计、接待能力有深入、细致的了解。同时能尽可能多地掌握主办方的信息,尤其是与主题相关的宴会档次、特色等。如果主办方不能到宴会现场洽谈,那么宴会部需派专职人员带上相关资料前往主办方处洽谈。总之,仔细、深入的洽谈是成功设计主题宴会的第一步。洽谈时还应按表8.1做好记录。

表 8.1

<table>
<tr><td colspan="3">客户名称：</td><td colspan="2">联络人：</td></tr>
<tr><td colspan="3">联系电话：</td><td colspan="2">传真：</td></tr>
<tr><td colspan="5">收款地址：</td></tr>
<tr><td colspan="3">主题宴会名称：</td><td colspan="2">宴会厅别：</td></tr>
<tr><td colspan="3">宴会举行日期：　年　月　日</td><td colspan="2">宴会举行时间：　时　分</td></tr>
<tr><td colspan="3">人数：最多　人/桌；最少　/桌</td><td colspan="2">E/O NO：</td></tr>
<tr><td rowspan="2">会议厅摆设</td><td>台形</td><td colspan="3">□“U”字形 □“口”字形 □圆桌形 □长方形 □教室形
□剧院形 □主席台形 □接待形</td></tr>
<tr><td>会议用品</td><td colspan="3">□接待桌 □海报架 □马克笔 □白板 □指挥棒 □笔记纸
□铅笔 □演讲台 □讲台 □名牌</td></tr>
<tr><td>宴会厅摆设</td><td colspan="4">□自助餐台 □圆桌 □主桌 □讲台 □桌牌
○白桌布 ○白桌布 □接待桌 □舞台 □菜单
○粉红桌布 ○粉红桌布 □喜灯 □舞池 ○每桌一份
○白桌裙 ○粉红餐巾 □结婚音乐 □喜烛 ○每桌两份
○红桌裙 ○其他台布 □演讲台 □名牌 ○每人一份</td></tr>
<tr><td>器　材</td><td colspan="4">□站立式麦克风 □录音机 □卡拉 OK □讲台式麦克风
□投影仪 □舞台聚光灯 □电视/录放影机 □幻灯机
□追踪灯 □无线麦克风 □屏幕 □喷烟机</td></tr>
<tr><td>花艺设计</td><td colspan="4">□迎宾花篮 □圆形花 □手捧花
□主桌盆花 □桌花 □绿色盆栽
□长形盆花 □自助餐台盆花</td></tr>
<tr><td>饮　料</td><td colspan="4">□开放式吧台 □水果酒 □汽水类 □啤酒 □洋酒
□论杯计算 □柳橙汁 □冰块 □葡萄酒 □其他
□含酒精水果酒 □矿泉水 □白酒 □黄酒</td></tr>
<tr><td>饮料价目</td><td colspan="4">__元__ __元__ __元__ __元__</td></tr>
<tr><td>食物价目</td><td colspan="4">__元__ __元__ __元__ __元__</td></tr>
<tr><td>菜　单</td><td colspan="2"></td><td>海报内容</td><td></td></tr>
<tr><td>杂　项</td><td colspan="4"></td></tr>
<tr><td>预算总费用</td><td colspan="2"></td><td>订　金</td><td></td></tr>
<tr><td>日　期</td><td colspan="2"></td><td>接洽人</td><td></td></tr>
</table>

注：此表参考刘澜江，郑月红，主题宴会设计[M]．北京：中国商业出版社，2005.

8.3.2 主题宴会菜单设计

宴会菜单设计是整场宴会设计较为重要的内容,作为主题宴会的菜单需紧扣主题,需起到画龙点睛的效果。

主题宴会菜单的核心内容,即菜式品种的特色、品质,必须反映文化主题的饮食内涵和特征,这是主题菜单的根本,否则菜单就没有鲜明的主题特色。如苏州的“菊花蟹宴”,这是以原料为主题而设计的宴会,必须围绕“螃蟹”这个主题。宴会中汇集清蒸大蟹、透味醉蟹、子姜蟹钳、蛋衣蟹肉、鸳鸯蟹玉、菊花蟹汁、口蘑蟹圆、蟹黄鱼翅、四喜蟹饺、蟹黄小笼包、南松蟹酥、蟹肉方糕等菜点,可谓“食蟹大全”。湖州浙北大酒店的“百鱼宴”,围绕“鱼”来做文章,糅合四面八方、中西内外各派的风味。“普天同庆宴”是以欢庆为主题,整个菜单围绕欢聚、同乐、吉祥、兴旺,渲染喜庆之气氛。

例 普天同庆宴

龙凤呈祥——龙虾鸡脯拼

辞旧迎新——片皮乳猪全体

普天同庆——夏果虾仁带子

群星璀璨——时蔬白鱼丸

鸿运丰年——红烧果子狸

合浦还珠——驼掌田鸡球

万家欢乐——琵琶鲍翅

百业兴旺——三菇烩六耳

前程似锦——虫草炖锦鸡

百年好合——莲子百合羹

永结同心——香酥芝麻枣

另外,菜单、菜名及技术要求应围绕文化主题这个中心展开。可根据不同的主题确定不同风格的菜单,考虑菜名的文化性、主题性,使每一道菜都围绕主题,这样可使整个宴会气氛和谐、热烈,产生美好的联想。

例 寿庆喜宴

麻姑献寿——拼盘围碟

合家欢乐——彩色虾仁

祥和如意——佛手鱼卷

蟠桃盛会——鸽蛋鱼翅

吉庆有余——鲍鱼四宝
花开富贵——桃仁花菇
松鹤延年——寿星全鸭
长命百岁——蛋黄寿面
寿比南山——猕桃银耳
五彩果盘——时令果拼

设计主题菜单时应考虑主题文化的较大差异性，突出个性，而不是泛泛之作。主题菜单只考虑一个独特的主题，菜单的制定必须具有特有的风格。菜单越独特，就越吸引人，越能产生意想不到的效果。

8.3.3 主题宴会台面设计

主题宴会台面设计不同于一般宴会台面的铺台，具有较高的艺术性、主题性和制作精细等特点。常用于大型宴会的主桌台面、高规格的宴会台面、技能比赛台面等。主题宴会台面设计主要分成三步进行，具体如下。

1）分析客情，设计草图

分析宴会客情，对主题宴会的规格、主题内涵、性质、目的及宾客的要求等方面进行逐条分析，然后确定宴会台面格调、样式，并描出台面的草图。如 2001 年上海旅游节期间，上海南翔古漪园配合“竹文化节”，迎合文化主题，精心设计并推出了氛围浓郁的特色“美竹宴”。在宴会的台面策划时，酒店使用竹制餐具，如竹碗、竹杯、竹桶、竹筒、竹节、竹船、竹片等。观赏台上用竹枝、竹叶组成花台，突出“竹”字文化，寓意深刻。

2）准备用品和材料

确定主题宴会的规模、档次后，然后决定每场宴会所需要的餐具、茶具、酒具和各种服务用品的数量、品名、规格。如以广西南宁明园新都大酒店设计的“茶宴”餐台为例，“茶宴”选取了茶博、茶壶作为餐台插花容器，以“梅、兰、竹、菊”四君子及百合为花材，餐具选用兰花瓷器、竹子花纹的日式骨碟、竹节杯，紫砂茶具，还配有“茶”餐巾和特色菜单等。最后配上能衬托主题的台布、台裙、椅套等物品。

3）台面造型

台面造型是台面出品的关键过程，也是把阶段性产品展示给宾客的时机，台面造型的成功与否决定主题宴会接待的成功率。在上述两个阶段把主题宴会的用品、材料、设计思路、草图准备好后进行造型的过程。仍以广西南宁明园新都大酒店设计的“茶宴”台面为例，依据主题选用了蓝色的落地台布及淡蓝色的四角台布组合一起，中心处把“四君子”用插花手法插出两组互相呼应的清雅花台，创设了宾客喝酒、品茶、赏花融为一体的意境；然后在每个餐位前方摆上一组紫砂茶具，有茶托、闻香杯、茶杯、茶壶，台面四角分别摆上四个茶荷，在宴前将宾客引入浓郁的茶文化氛围中。餐巾折花摆设成一片叶形、翠叶常青形、四叶萌芽形等，分别代表不同的茶叶状态。菜单的载体用檀香扇，菜单上所罗列的菜肴都与茶叶相关，如“龙井虾仁”“童子敬观音”“乌龙卧雪”等。“茶宴”台面的造型充分表达了几千年中国的植茶、制茶、饮茶的历史，展现了中国茶文化的博大精深。

8.3.4 主题宴会环境氛围设计

主题宴会环境的创造与设计是一项涉及旅游、建筑、宗教、文化、艺术、装饰材料、工艺美术、美学欣赏等多方面的复杂工作。主题宴会的环境氛围设计有两种较为常见的情况，即酒店的大环境与宴会厅的小环境。大环境的设计与酒店所处的环境紧密联系；小环境与酒店特色、宴会主题等方面联系紧密，两者相互依存，共同渲染。

宴会现场环境的设计包括宴会背景设计，墙面或天花板的现场装饰，灯光气氛的设计布置，主墙和主席台面的图案设计，宴会横幅标语、主桌宴会的台面设计，中心设计图案的造型设计和布置，宴会厅的温湿度、播放的曲目设计等。宴会环境的布置与实施，由饭店的美工人员、工程部人员和宴会厅服务人员共同完成。如北京一家五星级饭店应一美国学者要求，设计了“丝绸之路”主题宴会。该主题宴会把环境氛围设计为：从宴会厅的 3 个入口处至宴会的 3 桌主桌，用黄色丝绸装饰成蜿蜒的“丝绸之路”；宽大的宴会厅背板上，蓝天白云下一望无际的草原点缀着可爱的羊群；背板前高大的骆驼昂首迎候着来宾；宴会厅的东侧设计了古老的长城碉堡，西侧有一幅天山图背板，宽大的舞台上有一对新疆舞蹈演员在载歌载舞。16 张宴会餐台错落有致地散立于 3 条“丝绸之路”左右，金黄色的座椅与丝绸颜色一致，高脚水晶杯和银质餐具整齐地摆放在白色台布上。服务员着新疆维吾尔族民族服装，伴随着欢快的新疆“牧歌”，主题宴会的氛围像热浪一般汹涌澎湃。

8.3.5 主题宴会服务设计

主题宴会服务与普通宴会服务都是一个动态过程，它不同于菜肴、点心和周围环境的静态性，如果宴会服务的设计与主题相吻合，不但给主题宴会的完整实施划上圆满句号，还会深化宴会的主题内涵。主题宴会设计主要包括席间娱乐活动设计和服务礼宾礼仪设计两个方面。

1)服务活动设计

主题宴会应主题需要会在席间设计一些娱乐活动，当前的娱乐形式丰富多彩，有书法、绘画、杂技、歌舞、歌咏、民间斗技等。设计娱乐活动时需预先考虑好场地、时间、人员、操作难易程度等因素。同时还要注意活动与宴会主题的相关性、健康性，切忌庸俗，应遵循效益原则。如杭州酒家在2005年由胡宗英大师设计的“乾隆御宴”，席间设计了“乾隆皇帝”致祝酒辞和敬酒的环节，还设计了乐队演奏，清代“宫廷舞女”翩翩起舞等活动。让日本宾客恍若置身于清代宫廷，与乾隆共饮，故日本宾客称杭州酒家的“乾隆御宴”让他们口福、眼福双丰收。

2)服务礼仪设计

主题宴会服务礼仪的设计要求服务人员遵循本地区的礼仪规范，同时还要了解宾客接待礼仪禁忌。因此，主题宴会服务礼仪的设计要综合考虑宾客的礼节、生活、饮食、风俗习惯。大部分地区举办宴会时忌讳不吉利的语言、数字，讲究讨口彩，服务员灵活运用服务语言和礼仪，会为主题宴会增添光彩。如中国香港地区举办节日主题宴会时，服务员应以“恭喜发财”“节日愉快”等问候语来祝贺，而不能说“节日快乐”，因为在香港地区“快乐”与“快落”谐音。同时，服务人员还应了解宴会主题的内涵，清晰地表达宴会主题，会起到很好的传播作用。

主题宴会中服务人员的仪表、服装设计也是重要的一环，得体的仪表设计能起到烘托宴会气氛，渲染宴会主题的作用，尤其是举办区域性、民族性、特色性的主题宴会，员工服装的协调显得尤其重要。不同的主题宴会，餐厅的环境设计不同，服务人员的服饰装束也有所不同。在具有中国特色的宴会上，服务小姐身穿旗袍，亭亭玉立，落落大方，服务时营造出了一种幽雅的用餐环境。中国民间乡土风情主题宴会，往往会采用蓝印花服饰、手绘服饰、蜡染服饰、绣花服饰等，弥漫着浓浓的乡土气息。少数民族的主题宴会，服务人员的服饰可根据民族特色进行设计。仿古宫廷宴会，可依据历史特征进行设计，如清代的满汉全席，不仅服务人员穿古代服装，而且让部分外宾也身着中国古代宫廷服饰，边欣赏传统宫廷音乐，边品尝宫廷美食，将我国仿古宴会较为真实地展现在宾客面前。

总之，设计一场完整的主题宴会，其程序相当复杂，牵涉到各方面的细节，只有综合、仔细地把宴会设计方法灵活运用，才会使主题宴会设计的成功率更高。

思考与练习

1. 主题宴会的内涵及特征是什么？
2. 宴会主题策划的角度有哪些？试举例说明。
3. 宴会主题策划时应注意什么？
4. 主题宴会的菜单设计应考虑哪些因素？
5. 如何设计主题宴会的台面？

小知识链接

一、中式婚礼程序

许多酒店举办新人婚礼主题宴会时都有一套完整的程序，一般的仪式如下：

1. 新郎、新娘在宴会厅门口迎宾；
2. 证婚人、介绍人、来宾、主婚人及亲属入席；
3. 结婚典礼开始，奏《结婚进行曲》；
4. 男女傧相引新郎、新娘入席；
5. 司仪主持结婚仪式，介绍新郎、新娘背景资料及相识过程，播放如《牵你的手》作为背景音乐；
6. 证婚人发言，宣读结婚证书；
7. 来宾代表发言，致祝贺词；
8. 新郎、新娘交换信物；
9. 开香槟酒，切结婚蛋糕，喝交杯酒；
10. 双方家长上台，家长代表发言，致祝贺词；
11. 新郎、新娘向双方家长三鞠躬，向来宾三鞠躬，相互三鞠躬；
12. 合影；
13. 举杯，司仪宣布宴会开始；
14. 男女傧相引新郎、新娘退席；
15. 逐桌敬酒；
16. 仪式结束。

二、西式婚礼程序

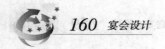

西式教堂婚礼是一种庄严神圣的仪式,其内容丰富多彩,仪式程序是:

1. 牧师入场、新郎、伴娘、伴郎入场

2. 新娘与父亲入场

3. 宣召与祷告(新郎立于左边,新娘立于牧师右边):(1)宣召恩爱的两位新人,我们今天在此神圣庄严的圣堂中,在上帝的面前和众人的面前,要为你们×××弟兄和×××姊妹二人举行神圣的婚礼。婚姻是极贵重的,是上帝所设立的。所以不可轻忽草率,应当恭敬、虔诚、尊奉上帝的旨意,成就这大事。(2)祷告上帝,为这场欢乐的婚礼我们感谢您;为了这具有重要意义的婚礼日我们感谢您;为了这一重要的时刻我们感谢您;为了您无时无刻都与我们同在感谢您;以基督圣灵的名义。阿门。(奏婚礼进行曲)。

4. 众人合唱:《恭行婚礼歌》

5. 牧师劝勉站在神的面前,我劝勉你们二人,要记得钟爱和忠实是建立欢乐和永恒家园的基石。如果你们永远信守着你们庄重的誓言;如果你们坚定不移地去寻求并遵循你们圣父的意愿;你们的生活将永远和睦、快乐;你们建立的家庭将承受任何的变迁。当然,你们也要记住你们不是独自步入人生的旅途。在你们面临困境之时,不要胆怯于向他人求助。援助之手来自朋友、亲人、和教会。接受他人的援助并不是一种羞愧,而是一种诚恳的行为。在我们四周,主都向我们伸出了援助之手。耶稣基督之手无处不在。最重要的是:我们见证了这对新人的结合。阿门。

6. 婚约

×××,你愿意×××成为你的(妻子/丈夫),作为朋友和伴侣生活在一起吗? 你爱(她/他)、尊重(她/他)吗? 你愿意与(她/他)平等、共同分享快乐,无论是好是坏,富裕或贫穷,疾病还是健康都彼此相爱?

7. 交换誓约

××,选你×××,成为我的(丈夫/妻子)。从今日起,拥有你、坚守你,无论好与坏、富足贫穷、有病无病都要爱你、珍惜你直到死神将你我分离。遵从神的旨意,我承诺对你的爱和我对你的忠诚。

8. 交换戒指与“点燃同心烛”

1)交换戒指。牧师:“结婚戒指象征着永恒;象征着两颗拥有无尽的爱的心与灵的永远的结合。现在将你的爱和你殷切的渴望你们的心与灵永远结合的愿望作为礼物送给她。你可以给你的新娘戴上这枚结婚戒指。

新郎:“×××,我给予你的这枚戒指象征着我对你的爱和忠诚。”

牧师:“同样以你的爱和你殷切的渴望你们的心与灵永远结合的愿望作为礼物送给他。你可以给你的新郎戴上这枚结婚戒指。”

新娘:“×××,我给予你的这枚戒指象征着我对你的爱和忠诚。”

2)“点燃同心烛”情节描述

点燃最外边的两只蜡烛代表着两个不同生活轨迹的人。当他们结婚时,象征着两只蜡烛交融为一只蜡烛。这是主的意愿。主说:“因为一个男人将离开自己的父母,与他的妻子生活在一起。两人将开始新的生活。”从这时起,你们要为彼此着想,而不能只顾个人。你们有着共同的理想,你们共同分享着欢乐与悲伤。当你们各自手执一支蜡烛点燃中间那只蜡烛时,你们要熄灭代表你们自己的蜡烛。这是因为点燃中间那支蜡烛代表你们二人新生活的开始。在基督教信徒的家里,这只蜡烛是不能割断的,是两人将永远生活在一起成为不可分割的一体的见证。愿这只蜡烛的光辉证明你们的结合,依靠主耶稣基督。

9.牧师宣告

既然×××弟兄和×××姊妹已在神和众人的面前宣誓,彼此合手。我奉圣父、圣子、圣灵的名,宣告这二人为夫妻。

10.亲人祝福

11.诗班唱诗:《两个环》《盟约》

12.牧师祝福

祝福你们,与你们同在。愿仁慈、宽厚的主眷顾于你们。主会降福瑞于你们,保你们安宁。

13.亲吻

牧师:×××弟兄,你可以亲吻你的新娘了。

介绍新人:

牧师:现在我荣幸地向你们介绍,×××先生和×××夫人。

14.婚礼退场顺序,通常如下:

1)新郎、新娘;

2)伴娘、伴娘;

3)新娘、新郎侍从;

4)花童、护戒侍从;

5)引座员为嘉宾引路,护送他们退场;

6)引座员可遣散来宾,要求他们有序退场。

附录1

宴会厅用品配备种类及规格

1. 家具类用品配备

(1)餐桌、椅配备

餐桌按形状分,有方桌、圆桌、长方桌和条桌。按制作材料分,有红木仿古式、硬木嵌大理石、云石桌和铁脚桌。

方台:使用较多的一种辅助桌子。一般桌高 90 cm 见方,也有 75 cm 见方,咖啡厅使用 1 m 见方。如果当台脚用,数量配备按圆台面的数量加 10%;如用于自助餐菜台的拼接可适量配备。

圆台:宴会厅中的主要桌子。圆台直径 180 cm 或 200 cm,是宴会厅配备最多的桌子。这两种尺寸的配备依据,是按宴会厅的档次与面积而选定的一种。通常以 10 人为标准,按餐具铺台,设计所选用餐盆的大小和餐具布局所占面积而定。每位客人所占弦长 55 ~ 75 cm。台面直径计算方法是,圆台最小直径 ≈ 60(弦长) × 座位数/3.14。数量配备,大宴会厅总面积/18 ~ 20 m^2。

其他圆桌配备。6 人台,台面直径 140 ~ 160 cm,数量参照摆放单桌的小厅厅房数的 20%;14 人台,台面直径 230 cm,分 2 个半片,数量按大宴会厅可放餐桌总数的 15% 配备;18 人台,台面直径 280 cm,分 2 个半片,数量 1 ~ 2 张;特大圆桌 1 张,内圆直径 180 cm 或是 200 cm,中圈扇形 90 cm 4 片组合(360 ~ 380 cm 直径),外圈扇形 90 cm 6 片(540 ~ 560 cm 直径),大外圈 110 cm 8 片组合(760 ~ 780 cm 直径)。

长条台:用于冷餐会的餐台、西餐的餐桌、会议条台等。按照方台 180 cm × 45 cm,桌高 75 cm(也有的是 183 cm × 46 cm 左右,这是生产厂家在英寸与厘米换算中的误差)尺寸计算,总数量按大宴会厅总面积/3 ~ 4 m^2 而定(此数量考虑到会议用台)。

长方桌:这种宴会桌可与西餐厅桌子通用。古典式的长方桌是一种可拉长可缩短的桌子,按一桌客人的人数确定,尺寸为130 cm×130 cm,拉开后可加1~8块65 cm×130 cm的板;固定式的长方桌尺寸为:4人桌130 cm×110 cm,2人桌110 cm×90 cm。选定桌子的规律性是:按餐桌摆放所占面积计算,尺寸选定要方便不同类型桌子的相互拼接。

餐椅:餐椅的舒适度非常重要。餐椅分为:①靠背椅。椅背较高,以示庄重高贵,为主桌或小宴会厅使用。椅面高42~47 cm,座位倾角2°~3°,座深38~44 cm,座宽38~44 cm,靠背高38~42 cm。②铁架椅。大宴会厅使用,能够10个1叠,垒在一起。数量按主要圆桌数×10加10%计算。

(2)其他家具配备

落台:又称工作台、服务台。落台尺寸长80~120 cm,宽50~70 cm,高75~90 cm。数量按厅房布置而定。

转台:为便于取菜,宴会厅设有转盘,直径小于所用台面的1 m左右。高档分餐制宴会可不设。根据用途分为手动转盘、电动转盘;按质料分为玻璃转盘、镜面转盘、不锈钢转盘、塑料制品转盘和木转盘等。

服务车:有三种类型,①普通型。用不锈钢制成,分3层,以运输餐具和菜肴为主。②中档型。用硬木所制,车辆尺寸长90~100 cm、宽45 cm、高90 cm,以服务员分菜服务为主。③高档型。以银盘、银盖结合硬木车身所制成,也称牛车、牛排车。其价格从1万~10万元不等,体现出酒店的等级与档次,是餐厅的门面。服务车数量按厅房落台布置状况而定,高档型的牛车有1~2辆即可。

活动舞台:临时找寻的主席台,尺寸为2片打开后240 cm×180 cm,可调节高度,有40~60 cm,60~80 cm两种。数量按背景墙的宽度/240 cm×2计算,另配台阶2个。

活动舞板:活动舞板为宴会中的舞会所使用,每块为92 cm×92 cm,根据大宴会厅的面积确定。各种家具类用品的规格和作用,如下表所示。

桌椅及其他家具类用品的规格和作用

名 称	规 格	说明或作用
桌子	直径1.8 m	此桌面没桌脚,可放置在较小的圆桌上,或在酒会时根据布置的需求置于其他餐桌上
桌子	直径2.03 m	仅有桌面,可与其他桌子并用。若客人欲加设位置时,此桌面座位最多可容纳14人

续表

名　称	规　格	说明或作用
圆桌	直径1.83 m,高0.74 m	国际标准桌,中餐可坐12人,西餐可坐8~10人
	直径1.5 m,高0.74m	可坐10人,并可与其他较大的桌面并用
	直径1.07 m,高0.74 m	可坐4人或5人,适用于小型宴会或酒会。摆设于场地中间以放置小点心或供宾客摆放杯盘
	直径2.44 m,高0.74 m	可坐16人,为方便搬运及储存,通常将两张并成1桌
	直径3.05 m	可坐20人,将直径为3.05 m的圆桌拆成4张半径为1.5 m的1/4圆桌,以方便搬运及储存
半圆桌	直径1.5 m,高0.74 m	举行西式宴会时,可与长桌台合并组成一张椭圆桌
1/4圆桌	直径1.5 m,高0.74 m	可与长桌并成U形桌,4张合起来,可成为1张直径为1.5 m的圆桌
蛇台桌	高0.74 m	酒会时,用以摆设成蛇形或“S”形餐桌
双层餐台		可作为吧台或沙拉台,不使用时可折叠起来,不占空间
大长桌	长1.83 m,宽0.76 m,高0.74 m	适合西式宴会,可作为主席台、接待桌、展示桌
小长桌	长1.83 m,宽0.46 m,高0.74 m	国际标准会议桌,每张可坐3人
四方桌	边长0.91 m,高0.74 m	可用来加长长方桌,也可作为2人套餐桌或4人坐的自助餐桌
	边长0.76 m,高0.74 m	可用来加长长方桌或作为情侣桌
玻璃转圈	直径0.4 m	置于桌面正中、玻璃转盘下方
玻璃转盘	直径1.1 m	适用于直径为2.03 m的14人坐的桌面
	直径1 m	适用于直径1.83 m的圆桌,使用强化玻璃较安全
木头转盘	直径1.52 m	用于直径为2.44 m、16人坐的台面,易保管,不易碎
	直径2.13 m	适用于直径为3.05 m、20人坐的台面
椅子		由于宴会厅是多功能的场地,故需多准备
婴儿椅		需备置,以应客人所需

续表

名　称	规　格	说明或作用
桌推车		搬运长方桌的推车,可放置25张大长桌或50张小长桌;搬运圆桌的推车,可放置10张圆桌
椅推车		根据椅子大小订做,椅子以10张为一叠置于其上方,方便搬运
玻璃转台车		每部车可放30全玻璃转台,轮子必须能够承受重量
桌布车	长1.2 m,宽0.9 m,高1 m	用以运送脏旧布送洗,并将干净桌布运回
舞池地板	每块长、宽均为0.91 m	可组装成各种尺寸的舞池
舞池地板车		每部车可装22片舞池地板
舞池边板		将舞池四周固定,使其不容易滑动
舞台	长2.44 m,宽1.83 m,高度有0.4 m、0.6 m、0.8 m三种	同一组舞台设有两种高度,即0.4 m和0.6 m或0.6 m和0.8 m,可根据场地要求进行调整
舞台阶梯		3个台阶适用于0.6 m或0.8 m高的舞台,2个台阶适用于0.4 m或0.6 m高的舞台,舞台左右两边各放一个
移动式酒吧		举行酒会或宴会时使用,另需增设一些辅助桌以放置杯子
屏风	宽2.4 m,高1.2 m	作为临时隔间用
托盘服务架		可折叠式服务架。员工服务时当作托盘架使用,不用时可随时收起
四方托盘	长54 m,宽38 m	供员工进出厨房端菜,或清理使用过的碗盘并送至洗碗区时使用,需用防滑托盘
圆形托盘	直径35.6 m	员工为客人服务时所使用的托盘,需使用防滑托盘
钢琴		演奏型,用于大型宴会或演奏会时使用,直立式
旗杆、旗座		供客人悬挂旗帜或用于公司产品的促销活动
桌号牌(架)		大型宴会编排桌号时使用
红地毯	宽度1.5 m,长度则根据宴会厅行礼的长度订做	根据宴会厅的需求量订做

续表

名　称	规　格	说明或作用
服务车		作为服务时的辅助台,或在推餐具出来摆设时使用
海报架		用以提供指引。海报架的数量须根据宴会厅的厅房数来决定
烟灰缸		采用铜制或不锈钢制站立式烟灰缸。一般置于酒会会场四周供客人使用
沙发		轻巧且容易搬动,举行小型宴会或接待 VIP 时,供客人休息
茶几		轻巧且容易搬动,举行小型宴会或接待 VIP 时,供客人休息
吸尘器		供宴会结束时立即清理现场时使用
塑胶大冰桶		大型宴会上提供冰酒水时使用
银器柜		带有轮子、可以推动,保存像刀叉那样的银器
多用途餐车	长 1.6 m,宽 0. 35 m,高 1 m	进行摆设工作或送菜时使用
平台搬运车		供客人或员工搬运较重物品时使用

2. 餐具类用品配备

(1)宴会厅餐具配备

骨碟:又称骨盆、布碟、忌司盆。宴会中摆放在客人面前的供个人使用的菜盆,是使用最多、损耗最大的一种瓷盆。规格为 5 ~7 寸。由盆边与盆底两个部分组成,基本在一个平面。形状有有边平盆和无边凹盘(又称戈盘,底平口直连体,盘边向上,盘边有平圆边和荷叶边两种。宴会骨盆可在凹盘与平盆中选择一种使用)两种。在高档宴会中每上一道菜,均需更换此盆。数量配备以宴会客满的客人数×通常宴会菜的道数,加上 20%的备量。

看盆:又称装饰盆,尺寸按忌司盆大小放大 2 ~3 寸,在高档宴会中作看盆用,每人 1 只,宴会中一般不换。要求花纹漂亮,档次要高,与宴会厅环境相匹配。款式与花纹可与整套餐具不同套,但要匹配协调。在小宴会厅较多的酒店,每个小宴会厅看盆的款式与花纹可以各不相同,经常相互交换,给客人新奇的感受。数量配备以宴会厅全部客满的人数加上10%。

6寸盆:用于厨房的各吃餐具的垫盆,数量配备以宴会客满的客人数×2,加上20%的备量。

8寸盆:用于装点心、水果,数量配备以宴会部客满的客人数×2。

10寸盆:在大型宴会中可以替代装饰盆用。在自助餐宴会中是主要的餐盆,在西餐宴会中是主菜盆,配备数量是自助餐宴会最多人数×3加上级指示10%。

公用菜盘:包括造型彩碟、拼装独碟、拼碟、热炒菜盘、大菜盘、汤碗、炖盆、煲、铁板、火锅等。这些菜盘都有不同的规格尺寸,用以盛放相应的菜点。

口汤碗:为3.5寸,现在流行口汤碗放大,有4寸和4.5寸两种。可替代勺托之用,内放小勺;也供客人喝汤、装烩菜、甜汤使用。配备数量是宴会最多人数×3。按形状可分为庆口碗、直口碗和罗汉碗。

饭碗:为4.5寸或5寸,按宴会全部客满人数×2,如果口汤碗为4.5寸,两者可通用,数量可减少。

汤勺:又称调羹、汤匙。勺身为椭圆形,按大小可分为加大汤勺(全长约14 cm)、2号汤勺(全长约13 cm)、3号汤勺(全长约12 cm)、4号汤勺(全长约10 cm)、5号汤勺(全长约8 cm)等多种,还有分汤用的公勺(全长约22 cm)。汤勺大小的选配视口汤碗的大小而定。数量按口汤碗数配备。按每桌×3配备。

味碟:每人份味碟,放调料用。底平口直,有圆形、方形、双格形、三格形等形态。规格为2.5寸与4寸。铺台时,如每人1只,选用2.5寸,配备数量是每人份调味品种数量×宴会全部客满的人数。如使用2种调料,用4寸双格形的大味碟,数量配备按全部桌数×4加上20%。

盖杯:是以大、中、小号来定尺寸,在会议和会客室中使用。配备数量为最多会议人数加上10%。

茶盅:配备数量按宴会全部客满人数加上10%配备。

茶壶:配备数量按全部桌数加上20%配备。

烟灰缸:配备数量按宴会全部桌数×8配备。

瓷筷架:配备数量按全部客满宴会人数加上10%配备。

椒盐瓶,酱、醋壶:配备数量按全部桌数加上10%配备。

毛巾托:配备数量按全部客满宴会人数加上20%配备。

双耳杯连底盆:为5~7寸,用于西餐汤类,配备数量视酒店的西餐宴会情况而定。

筷子:每人1双,有时也另配公共筷,置于筷架之上。根据宴会档次选用不同档次的筷子。

(2)厨房餐具配备

①按形状分

平盘:规格有16种之多,从5寸到32寸不等。10寸以下每隔1寸一个档,10寸以上每隔2寸一个档。5寸、6寸平盘作冷菜小碟用,7~9寸平盘为干点心使用,10寸以上平盘作拼盘或炒菜用,14寸、16寸平盘可作垫盘用。

凹盘:又名窝盘、戈盘。盘边稍高而盘深,5~12寸规格的都有。用于盛装烩菜、卤汁、芡汁较多的烧、焖、扒等菜点。

腰圆盆:又叫鱼盘盆、长盆。呈椭圆,有深腰圆盘和腰圆盆两种。从6寸到32寸有14种规格。10寸以下用作盛装爆、炒、烧、炸菜,12寸用于盛装全鱼、全鸡、全鸭、烤乳猪等整形菜,14寸以上用作有雕刻装饰的菜肴。

异形盆、盘:形态很多,近年来较为流行。常用于讲究造型或个性化、创新的菜肴,如炒制类菜肴需摆成一定形状等。

盖碗:又名卫生碗。规格从6寸到14寸有多种。6~8寸用于冷菜,或各吃的鱼翅、鲍鱼、海参等高档菜,或替代凹盘使用。

锅:火锅(又名暖锅。按大小分,1号为大型火锅,2、3号为中型火锅)、仔锅、砂锅、汤锅(又称品锅,按大小分为约10寸的1号汤锅,约9寸的2号汤锅,约8寸的3号汤锅,约7寸的4号汤锅)、汽锅、煲仔等。

铁板:由生铁铸成的椭圆形的盘子。

②按功能分

冷菜碟:6寸平盆或6寸盖碗,装冷菜用。数量为全部桌数×8加上20%。

炒菜盆:12~14寸,厨房的主要菜盆,作炒菜用盆。用量较多,配备数量为全部桌数×宴会炒菜的道数加20%。

热菜盆:14~16寸,配备数量为全部桌数×宴会大菜道数加20%。

烩菜盘:10~12寸凹盘,配备数量为全部桌数×2加10%。

鱼盆:14~16寸,配备数量为全部桌数×2加10%。

点心、水果盆:16寸,配备数量为全部桌数×2加20%。

自助餐菜盆:18~22寸,配备数量若干。

炖盅:配备数量为全部桌数×2。

其他厨房餐具视宴会菜肴而定。

(3)玻璃器皿配备

水杯:也称啤酒杯。按形状可分为高脚杯和无脚杯。容量10~12盎司。配备数量为宴会厅全部客满人数 ×2 加上 20% 。

烈酒杯：又称立口杯。容量从 3 钱 ~1 盎司不等。因产地、用料、造型和大小不同，可分很多种类型。常用的有无脚瓷酒盅、高脚瓷酒杯、玻璃无脚酒杯、高脚玻璃酒杯，大小形态各异。白酒杯一般较小，装酒 20 ~50 克，用以盛装烈性酒。配备数量为宴会厅全部客满人数加上 20% 。

果酒杯：又名葡萄酒杯。用于盛装酒度较低的各种果酒。有高脚玻璃红酒杯、白葡萄酒杯，红葡萄酒杯比白葡萄酒杯略矮胖一些，多为 6 盎司，另一种为 2 盎司的雪利杯。配备数量为宴会厅全部客满人数加上 10% 。

香槟酒杯：容量为 6 盎司，主要用于喝香槟酒，有时也可用于最后的甜品、冰激凌等，配备数量若干。

黄酒杯：又称暖酒杯。中国特有的喝黄酒的专用杯。质地有瓷器与紫砂两种。

玻璃碗：4 ~5 寸，用于装冰激凌、甜汤、冷餐会小吃及做洗手碗用。配备数量为宴会厅全部客满人数。

其他玻璃器皿的品种数量视实际情况而定。

(4) 银餐具配备

看盆：规格有 11 寸、9 寸、7 寸等，11 寸、9 寸的看盆另配有银器圆盖帽，使用原则是大于底盆 1 寸左右。造型有圆形、方形、三角形；图案有中式、西式之分。按宴会档次配用看盆时，必需配套每人份勺、铁架等其他银器，且要注意银器之间的协调。

每人每点心勺：用于上餐宴会的铺台，配备数量为宴会厅全部客满数加上 10%。

公勺、架：用于中餐宴会的铺台，配备数量为宴会厅全部桌数 ×4 加上 10% 。

小刀、叉：用于中餐宴会的牛排、整只的鲍鱼等菜。中、西式宴会铺台中使用，自助餐宴会的主要刀叉，西餐宴会中的小盆、冷盆都是使用小刀叉，配备数量为自助餐宴会全部客满人数。

大刀、叉：又称正餐刀、叉。用于西式宴会吃主菜时使用及服务员分割菜肴时使用，配备数量若干。

派菜羹、叉：又称服务羹、叉。服务员为客人分派菜点的工具，在自助餐宴会中是客人夹菜的工具，每盆菜都要配上，数量按全部桌数 ×3 计算。

小点心羹：中、西餐最后的甜品勺，配备数量视菜式而定。

水果刀、叉：中、西餐吃水果时用，西式宴会水果一定要上水果刀叉。配备数量视服务规格而定。

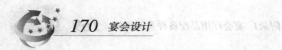

鱼刀、叉:西式宴会吃鱼、虾类菜肴时,配套使用。数量视西式宴会情况而定。

白脱刀:小型号的餐刀,刀头呈圆形,吃面包时,用以刮白脱油或其他果酱用,现也有用小刀替代的。

牛排刀:刀身细长、刀片较薄的刀,开口刀头带有锯刺,用于吃各种牛排、猪排、羊排等。

汤勺:又称匙。上汤时使用。按形状大小和用途可分为浓汤匙、清汤匙、中号匙、冰激凌匙和咖啡匙。

糖、奶罐、糖夹:用于放糖、奶的圆罐,有大、中、小之分,也有质地是瓷器的。

其他:还有许多品种的餐具,如银大汤勺、沙司羹、台号卡、菜名卡、热煲炉、银看盆、牛奶壶、咖啡壶、花瓶等,视不同的酒店、不同的客人、不同的产品来配备。

(5)西式餐具配备

小盆:规格为 8~10 寸,传统为 8 寸。

汤盘:①凹盘类。规格 8 寸,有带边与无边两种。②汤碗类。规格有 6 寸,有有耳与无耳之分。③杯类。咖啡杯用于鸡茶与牛茶(一种英国式的清汤)。

大盆:圆的平盆,规格为 10~12 寸,传统为 10 寸,用于主菜。

其他餐具:①长腰形的烤斗。②长腰形带盖的陶瓷盅。③带小凹圆形盆(蜗牛盆),有瓷器和不锈钢两种。

咖啡杯、底盘:配套使用。咖啡杯按不同的用餐时间来选用,早晨用大号,中午用中号,晚上用小号。

面包盆:又称忌司盆,规格为 6~7 寸,传统为 6 寸,用于放宴会中的面包。

3. 布件类用品配备

口布:又称餐巾。口布从质地分,有棉布、涤纶化纤布和纸面巾三种;从颜色上分,有白色、橘黄、花色三种;从规格分,有大、小两种,其中以 45 cm 左右餐巾为常见。配备数量为宴会厅全部客满人数×3×洗涤天数+20%。

台布:①圆台面。一种是配正方形台布,尺寸为圆台面的直径加 50 cm,最短处下垂 25 cm 至椅面。但台面超过直径 230 cm,四角就要碰到地面。另一种是配圆形的台布,尺寸为圆台面的直径加 50 cm,下垂至椅面;也有圆台面的直径加 145 cm 规格的,下垂部分盖住桌脚。②方台面。台布配置方法按以上原则配置。根据桌子的大小选定台布,1.8 m 的桌面配 2 m 的桌布为宜。台布有棉布、仿绸、新型合成纤维、一次性塑料布等多种材料。正规宴会选用棉布为宜。

色泽依餐厅风格和宴会主题而定。

台裙：围于桌子周边，长度为台面周长 + 20 cm，桌裙与台面连接处应是折裥，底部舒放，与裙子相仿。材料质地为贡缎、丝绒、绸缎、聚酯牛津等。台裙色彩必须比台布色彩深，是台布到地面的颜色的过渡，表现出餐台的沉稳与牢固。色彩多取暗红、暗绿色、玫瑰色，给人一种庄重高雅的感觉，是宴会的主色调之一。现代，对台裙又有了许多装饰，如加上滚边，遮住了台裙夹；加挂中国结、小流苏、蝴蝶结等活跃餐厅气氛。

椅套：餐椅有木质、钢质两种材质。高级木质餐椅采用优质原木制成，以木质原色（主要是黄色调）或棕红色为主，显示出整个餐厅的豪华与富丽堂皇。普通木质餐椅可用纺织品来软包进行装饰，钢质椅也是如此。椅套颜色的选用应近似台布色彩。椅套背面也可用蝴蝶结、流苏等进行装饰。

注：附录1摘编于叶伯平，鞠志中，邸琳琳. 宴会设计与管理[M]. 清华大学出版社，2007：201-212.

附录2

宴会厅常设的通用符号及含义

鉴于宴会厅举行宴会时，人员集中，流动量大，因而设计一些通用符号，这对于指引宾客行动，有着十分重要的意义。下列所有符号引自 GB/T 1001 部分规定的标志用公共图形符号的条款。

序号	图形符号	含义	说明
1		方向 Direction	表示方向； 符号方向根据实际情况设置； ISO 7001:1990(001)
2		入口 Way In; Entrance	表示入口位置或指明进去的通道； 应根据实际情况使用本符号，或旋转 90°或 180°后的符号； ISO 7001:1990(026)
3		出口 Way Out; Exit	表示出口位置或指明出去的通道； 应根据实际情况使用本符号，或旋转 90°或 180°后的符号； ISO 7001:1990(027)
4		楼梯 Stairs	表示上下共用的楼梯；不表示自动扶梯； 应根据实际情况使用本符号或其镜像符号； ISO 7001:1990(011)

续表

序号	图形符号	含义	说明
5		自动扶梯 Escalator	表示自动扶梯,不表示楼梯; 应根据实际情况使用本符号或其镜像符号; 替代 GB/T 10001.1—2000(21)
6		靠右站立 Standing On The Right	表示乘客应靠右站立
7		电梯 Elevator;Lift	表示公用电梯; 替代 GB/T 10001.1—2000(22)
8		无障碍电梯 Accessible Elevator	表示供残障人乘坐的电梯
9		货梯 Elevator For Goods	表示供运输货物的电梯
10		卫生间 Restroom	表示卫生间; 应根据男、女卫生间的实际位置使用本符号或其镜像符号; 替代 GB/T 1000.1—2000(26)
11		无障碍设施 Accessible Facility	表示供残障人使用的设施,如轮椅、坡道等; 应根据实际情况使用本符号或其镜像符号

续表

序号	图形符号	含义	说明
12		休息区 Rest Area	表示人们休息的区域或场所，如：商场休息区、剧场休息区等
13		等候室 Waiting Room	表示供人们休息等候的场所，如车站的候车室，机场的候机室，医院的候诊室等； ISO 7001:1990(013)
14		会合点 Meeting Point	表示会合、约见的场所或地点
15		安全保卫 Security;Police	表示安全保卫人员（警察或保安）或指明安全保卫人员（警察或保安）值勤的地点，如警卫室等； 替代 GB/T 10001.1—2000(44)
16		票务服务 Tickets	表示出售各种票据的场所，如机场、车站、影院、体育场馆、公园等处的售票处及医院的挂号处等； ISO 7001:1990(050)
17		手续办理；接待 Check-in; Reception	表示办理手续或提供接待服务的场所，如宾馆、饭店的前台接待处，机场的手续办理处及医院的住院处等； GB/T 10001.1—2000(46)
18		会议室 Conference Room	表示供召开会议的场所； 替代 GB/T 10001.1—2000(35)

续表

序号	图形符号	含义	说明
19		报告厅 Lecture Hall	表示供做报告的场所
20		网络服务 Internet Service	表示网络服务或提供网络服务的场所
21		餐饮 Restaurant	表示餐饮或提供餐饮服务的场所，如：酒楼、餐厅等； 具体应用时，如确需将中餐、西餐分开，本符号还可表示西餐厅等； 替代 GB/T 10001.1—2000(57)
22		中餐 Chinese Restaurant	表示中餐或提供中餐服务的场所，如中餐厅、中餐馆等，不表示餐饮、西餐； 替代 GB/T 10001.1—2000(58)
23		快餐 Snack	表示快餐或提供快餐服务的场所，不表示酒吧、咖啡、茶饮
24		酒吧 Bar	表示饮酒及其他饮料的场所，不表示咖啡、快餐、茶饮； 替代 GB/T 10001.1—2000(60)
25		咖啡 Coffee	表示喝咖啡及其他饮料的场所，不表示酒吧、快餐、茶饮； 替代 GB/T 10001.1—2000(61)

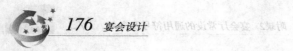

续表

序号	图形符号	含义	说明
26		茶饮 Tea	表示喝茶及其他饮料的场所，不表示酒吧、咖啡、快餐
27		自动售货机 Automatic Vending Machine	表示可以自动出售商品的设施
28		货币兑换 Currency Exchange	表示提供各种外币兑换服务的场所； 替代 GB/T 10001.1－2000(48)
29		结账 Cashier;Check-out	表示用现金或支票进行结算的场所，如宾馆、饭店的前台结账处、商场、医院等场所的收款处等； 替代 GB/T 10001.1—2000(49)
30		贵宾 Very Important Person	表示对贵宾提供服务的场所，如：贵宾室、贵宾接待处等； 替代 GB/T 10001.1—2000(67)
31		信息服务 Information Service	表示提供各种信息的场所
32		问讯 Enquiry	表示提供咨询服务的场所； 替代 GB/T 10001.1—2000(47)

续表

序号	图形符号	含义	说明
33		室内停车场 Indoor Parking	表示室内停放机动车的场所,如:地下停车场
34		请勿吸烟 No Smoking	表示该处不允许吸烟; 替代 GB/T 10001.1—2000(69)
35		请勿携带宠物 No Pets Allowed	表示该处不允许携带宠物
36		非饮用水 Not Drinking Water	表示该处的水不可以饮用

1.图形符号说明

①本部分适用于酒店的公场所及相关设施,具体用于公共信息导向系统中的位置标志、导向标志、平面示意图、信息板、街区通道导向等要素的设计;

②图形符号的颜色应符合 GB/T 20501.1 的要求;

③图形符号栏中的角标及正方形边线不是图形符号的组成部分。应用时,带有角标的图形符号可仅使用该符号,带有正方形边线的图形符号则应使用由该符号形成的图形标志。

④本标准图形符号的含义仅为该图形符号的广义概念。应用时,可根据所要表达的具体对象给出相应名称,如:含义为"咖啡"的图形符号,可以应用于"咖啡厅""咖啡馆""咖啡店"等具体场所。

2.图形符号来源

摘编于冯亮.餐饮企业经营规范实施宣贯手册[Z].北京:中国科技出版社,2007:185-209.

附录3

中西餐宴会摆台比赛规则与标准

饭店从业人员的技能大赛在全国各地都会举行。比赛成为一项选拔优秀人才的有效途径，也成为各学校技能培养方向标，因而，在这里收集技能比赛最常用的两个项目，即中、西餐宴会摆台比赛规则与标准。

中餐宴会摆台比赛规则与标准

一、比赛内容

中餐宴会摆台（10 人位）

二、比赛要求

1. 按中餐正式宴会摆台，鼓励选手利用自身条件，创新台面设计。

2. 操作时间 15 分钟（提前完成不加分；每超过 30 秒，扣总分 2 分，不足 30 秒按 30 秒计算，以此类推；超时 2 分钟不予继续比赛，未操作完毕，不计分）。

3. 选手必须佩带参赛证提前进入比赛场地，裁判员统一口令“开始准备”进行准备，准备时间 3 分钟。准备就绪后，举手示意。

4. 选手在裁判员宣布“比赛开始”后开始操作。

5. 比赛开始时，选手站在主人位后侧。比赛中所有操作必须按顺时针方向进行。

6. 所有操作结束后，选手应回到工作台前，举手示意“比赛完毕”。

7. 操作过程中物品不离盘（台布、桌裙和装饰布除外）。

8. 餐巾准备无任何折痕；餐巾折花花型不限，但须突出主位花型，整体挺括、和谐，符合台面设计主题。

9. 餐巾折花和摆台先后顺序不限。

10. 比赛中允许使用装饰盘垫。

11. 物品落地每件扣 3 分，物品碰倒每件扣 2 分，物品遗漏每件扣 1 分。

三、比赛物品准备

1. 组委会提供物品：圆桌面（直径 180 cm）、餐椅（10 把）、工作台。

2.选手自备物品:

(1)防滑托盘(2个)

(2)规格台布

(3)桌裙或装饰布

(4)餐巾(10块)

(5)花瓶或花篮(1个)

(6)餐碟、味碟、汤勺、口汤碗、长柄勺、筷子、筷架(各10套)

(7)水杯、葡萄酒杯、白酒杯(各10个)

(8)牙签(10套)

(9)菜单(2个或10个)

(10)桌号牌(1个,上面写上代表队名称)

(11)公用餐具(筷子、筷架、汤勺各2套)

四、比赛评分标准

项　目	操作程序及标准	分值	扣分	得分
台布 (4分)	可采用抖铺式、推拉式或撒网式铺设,要求一次完成,两次才完成扣0.5分,三次及以上不得分	2分		
	台布定位准确,十字居中,凸缝朝向主副主人位,下垂均等,台面平整	2分		
桌裙或装饰布 (4分)	桌裙长短合适,围折平整或装饰布平整,四角下垂均等(装饰布平铺在台布下面)	4分		
餐碟定位 (10分)	一次性定位、碟间距离均等,餐碟标志对正,相对餐碟与餐桌中心点三点一线	6分		
	距桌沿约1.5 cm	2分		
	拿碟手法正确(手拿餐碟边缘部分)、卫生	2分		
味碟、汤碗、汤勺 (5分)	味碟位于餐碟正上方,相距1 cm	2分		
	汤碗摆放在味碟左侧1 cm处,与味碟在一条直线上,汤勺放置于汤碗中,勺把朝左,与餐碟平行	3分		
筷架、筷子、长柄勺、牙签 (10分)	筷架摆在餐碟右边,与味碟在一条直线上	2分		
	筷子、长柄勺搁摆在筷架上,长柄勺距餐碟3 cm,筷尾距餐桌沿1.5 cm	5分		
	筷套正面朝上	1分		
	牙签位于长柄勺和筷子之间,牙签套正面朝上,底部与长柄勺齐平	2分		

续表

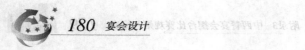

项　目	操作程序及标准	分值	扣分	得分
葡萄酒杯、白酒杯、水杯（10分）	葡萄酒杯在味碟正上方 2 cm	2分		
	白酒杯摆在葡萄酒杯的右侧，水杯位于葡萄酒杯左侧，杯肚间隔 1 cm，三杯成斜直线与水平成 30°角。如果折的是杯花，水杯待餐巾花折好后一起摆上桌	6分		
	摆杯手法正确（手拿杯柄或中下部）、卫生	2分		
餐巾折花（10分）	花型突出主位，符合主题、整体协调	4分		
	折叠手法正确、卫生，一次性成形，花型逼真、美观大方	6分		
公用餐具（4分）	公用餐具摆放在正副主人的正上方	2分		
	按先筷后勺顺序将筷、勺搁在公用筷架上（设两套），公用筷架与正副主人位水杯对间距 1 cm，筷子末端及勺柄向右	2分		
菜单、花瓶（花篮）和桌号牌（4号）	花瓶或花篮摆在台面正中，造型精美、符合主题要求	1分		
	菜单摆放在筷子架右侧，位置一致	2分		
	桌号牌摆放在花瓶或花篮正前方、面对副主人位	1分		
餐椅定位（6分）	从主宾位开始拉椅定位，座位中心与餐碟中心对齐，餐椅之间距离均等，餐椅座面边缘距台布下垂部分 1.5 cm	6分		
托盘（3分）	用左手胸前托法将托盘托起，托盘位置高于选手腰部	3分		
综合印象（20分）	台面设计主题明确，布置符合主题要求	6分		
	餐具颜色、规格协调统一，便于使用	4分		
	整体美观、具有强烈艺术美感	4分		
	操作过程中动作规范、娴熟、敏捷、声轻，姿态优美，能体现岗位气质	6分		
合　计		90分		
操作时间	分　　秒			
物品落地、物品碰倒、物品遗漏		扣分		
实际得分				

西餐宴会摆台比赛规则和评分标准

一、比赛内容

西餐宴会摆台(6 人位)

二、比赛要求

1. 按英式席位安排法,以宴会套餐程序摆台,鼓励选手进行适当台面设计与布置创新,摆设设计由各选手自定。

2. 操作时间 15 分钟(提前完成不加分,每超过 30 秒,扣总分 1 分,不足 30 秒按 30 秒计算,以此类推;超时 2 分钟不予继续比赛,未操作完毕,不计分)。

3. 选手必须佩带参赛证提前进入比赛场地,裁判员统一口令“开始准备”进行准备,准备时间 3 分钟。准备就绪后,举手示意。

4. 选手在裁判员宣布“比赛开始”后开始操作。

5. 比赛开始时,选手站在主人位后侧。比赛中所有操作必须按顺时针方向进行。

6. 所有操作结束后,选手应回到工作台前,举手示意“比赛完毕”。

7. 除装饰盘(须手托餐巾)和花坛可徒手操作外,其余物件,使用托盘操作。

8. 物品落地每件扣 3 分,物品碰倒每件扣 2 分,物品遗漏每件扣 1 分。

三、比赛物品准备

1. 组委会提供物品:西餐长台(240 cm ×120 cm)、西餐椅(6 把)、工作台。

2. 选手自备物品:

(1)防滑托盘(2 个)

(2)台布(2 块):200 cm×165 cm

(3)餐巾(6 块):56 cm×56 cm

(4)装饰盘(6 只):7.2 寸~10 寸

(5)面包盘(6 只):4.5 寸~6 寸

(6)黄油碟(6 只):1.8 寸~3.5 寸

(7)主菜刀(肉排刀)、鱼刀、开胃品刀、汤勺、甜品勺、黄油刀(各 6 把)

(8)主菜叉(肉叉)、鱼叉、开胃品叉、甜品叉(各 6 把)

(9)水杯、红葡萄酒杯、白葡萄酒杯(各 6 个)

(10)花瓶或花坛(1 个)

(11)烛台(2 座)

(12)盐瓶、胡椒瓶(各 2 个)

(13)牙签盅(2 个)

四、评分标准

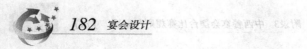

项　目	项目评分细则	分　值	扣分	得分
台布 (5分)	台布中凸线向上，两块台布中凸线对齐	1分		
	两块台布重叠5 cm	1分		
	主人位方向台布交叠在副主人位方向台布上	1分		
	台布围边下垂均等	1分		
	铺设操作最多四次整理成形	1分		
席椅定位 (3.6分)	摆设操作从席椅正后方进行	0.6分(每把0.1分)		
	从主人位开始顺时针方向摆设	0.6分(每把0.1分)		
	席椅之间的距离基本相等	0.6分(每把0.1分)		
	相对席椅的椅背中心对准	0.6分(每把0.1分)		
	席椅边沿与下垂台布相距1 cm	1.2分(每把0.2分)		
装饰盘 (7.5分)	从主人位开始顺时针方向摆设	1.5分(每个0.25分)		
	盘边距离桌边1 cm	1.5分(每个0.25分)		
	装饰盘中心与餐位中心对准	1.5分(每个0.25分)		
	盘与盘的间距均等	1.5分(每个0.25分)		
	手持盘沿右侧操作	1.5分(每个0.25分)		
刀、叉、勺 (16.8分)	刀、勺、叉由内向外摆放，距桌边距符合标准	5.4分(每件0.1分)		
	刀、叉、勺之间及与其他餐具间距离符合标准	5.4分(每件0.1分)		
	摆设逐位完成	6分(每位1分)		
面包盘、黄油刀、黄油碟 (4.8分)	摆放顺序：面包盘、黄油刀、黄油碟	1.8分(每件0.1分)		
	面包盘边距开胃品叉1 cm	0.6分(每件0.1分)		
	面包盘中心与盘饰中心对齐	0.6分(每件0.1分)		
	黄油刀置于面包盘右侧边沿1/3处	0.6分(每件0.1分)		
	黄油碟摆放于黄油刀尖正前方，相距3 cm	0.6分(每件0.1分)		
	黄油碟左侧边沿与面包盘中心成直线	0.6分(每件0.1分)		

续表

项　目	项目评分细则	分　值	扣分	得分
杯具（10.8 分）	摆放顺序：水杯、红葡萄酒杯、白葡萄酒杯（白葡萄酒杯在开胃品刀的正上方，杯底中心在开胃品刀中心线上，杯底距开胃品刀尖 2 cm）	1.8 分（每个 0.1 分）		
	三杯成斜直线，与水平线成 45° 角	6 分（每组 1 分）		
	各杯身之间相距约 1 cm	1.2 分（每个 0.1 分）		
	操作时手持杯下部或颈部	1.8 分（每个 0.1 分）		
花瓶与花坛（2 分）	花瓶或花坛置于餐桌中心或台布中线上	1 分		
	花瓶或花坛的高度不超过 30 cm	1 分		
烛台（2 分）	烛台与花瓶相距 20 cm	1 分（每座0.5 分）		
	烛台底座中心压台布中凸线	0.5 分（每座 0.25 分）		
	两个烛台方向一致，并与杯具成直线平行	0.5 分（每座 0.25 分）		
牙签盅（1.5 分）	牙签盅与烛台相距 10 cm	1 分（每个0.5 分）		
	牙签盅中心压台布中凸线上	0.5 分（每个 0.25 分）		
椒盐瓶（3 分）	椒盐瓶与牙签盅相距 2 cm	1 分（每组0.5 分）		
	椒盐瓶两瓶相距 1 cm，左椒右盐	1 分（每组0.5 分）		
	椒盐瓶间距中心对准台布中凸线	1 分（每组0.5 分）		
盘花（6 分）	造型美观，大小一致，突出正副主人位	3 分		
	餐花在盘中摆放一致，左右成一条直线	3 分		
托盘使用（3 分）	餐件与餐具按分类摆放，符合科学操作	2 分		
	杯具在托盘中杯口朝上	1 分		
综合印象（14 分）	台席中心美化新颖，主题灵活	4 分		
	布件颜色协调、美观	3 分		
	整体设计高雅、华贵	4 分		
	操作过程中动作规范、娴熟、声轻，姿态优美，能体现岗位气质	3 分		

续表

项　目	项目评分细则	分　值	扣分	得分
合　计		80分		
操作时间	分　　秒			
物品落地、物品碰倒、物品遗漏		扣分		
实际得分				

附录4

外语水平评分标准

1. 考试形式

英语口试，采用考官与选手问答的形式。每位选手考试时间为 1 分钟。

2. 评分标准

准确性：选手语音、语调及所使用语法和词汇的准确性

熟练性：选手掌握岗位英语的熟练程度

灵活性：选手应对不同情景和话题的能力

3. 评分说明

9～10 分：语法正确，词汇丰富，语音、语调标准。熟练、流利地掌握岗位英语，对不同语境有较强反应能力，有较强的英语交流能力。

6～8 分：语法与词汇基本正确，语音、语调尚可，允许有个别母语口音。较熟悉岗位英语，对不同语境有一定的适应能力，有一定的英语交流能力。

4～5 分：语法与词汇有一定错误，发音有缺陷，但不严重影响交际。对岗位英语有一定了解，对不同语境的应变能力较差。

3 分以下：语法与词汇有较多错误，停顿较多，严重影响交际。岗位英语掌握不佳，不能适应语境的变化。

附录5

仪容仪表评分标准

仪表项目		细节要求	分　值	扣　分	得　分
头发（1.5分）	男生	后不盖领	0.5分		
		侧不盖耳	0.5分		
		干净、整齐、着色自然，发型美观大方	0.5分		
	女生	后不过肩	0.5分		
		前不盖眼	0.5分		
		干净、整齐、着色自然，发型美观大方	0.5分		
面部（0.5分）	男生	不留胡须及长鬓角	0.5分		
	女生	淡妆	0.5分		
手及指甲（1.5分）		手及指甲干净	0.5分		
		指甲修剪整齐	0.5分		
		不涂有色指甲油	0.5分		
服装（1.5分）		整齐干净	0.5分		
		无破损、无丢扣	0.5分		
		熨烫平齐	0.5分		
鞋（1分）		黑颜色皮鞋	0.5分		
		干净、擦拭光亮、无破损	0.5分		
袜子（1分）		男深色、女浅色	0.5分		
		干净、无褶皱、无破损	0.5分		

续表

仪表项目	细节要求	分 值	扣 分	得 分
首饰徽章（1分）	不佩戴过于醒目的饰物	0.5分		
	选手号牌佩戴规范	0.5分		
总体印象（2分）	举止大方、自然、优雅	1分		
	注重礼节、礼貌，面带微笑	1分		
合 计		10分		

参考文献

[1] 周宇,颜醒华.宴席设计实务[M].北京:高等教育出版社,2003.
[2] 苏伟伦.宴席设计与餐饮管理[M]. 北京:中国纺织出版社,2001.
[3] 许顺旺.宴席管理——理论与实务[M]. 长沙:湖南科学技术出版社,2001
[4] 陈金标.宴会设计[M].北京:中国轻工业出版社,2002.
[5] 伍福生.宴会策划指南[M].广州:中山大学出版社,2005.
[6] 邵万宽.现代餐饮经营创新[M].沈阳:辽宁科学技术出版社,2004.
[7] 叶伯平,鞠志中,邸琳琳.宴会设计与管理[M]. 北京:清华大学出版社,2007.
[8] 叶伯平,邸琳琳.职业点菜师[M].北京:中国轻工业出版社,2006.
[9] 周妙林. 菜单与宴会设计[M].北京:旅游教育出版社,2005.
[10] 王雪宁. 餐厅服务[M]. 北京:中国劳动出版社, 2001.
[11] 陈瑞清. 餐厅服务[M]. 北京:高等教育出版社, 2003.
[12] 刘澜江,郑月红. 主题宴会设计[M]. 北京:中国商业出版社, 2005.
[13] 万光玲,贾丽娟 .宴会设计[M].沈阳:辽宁科学技出版社 ,1996.
[14] 戴桂宝.现代餐饮管理[M].北京:北京大学出版社,2006.
[15] 杨欣.餐饮企业经营管理[M].北京:高等教育出版社 ,2003.
[16] 马开良.餐饮管理与实务[M].北京:高等教育出版社,2003.
[17] 张建军,陈正荣.酒店厨房的设计和运作[M].北京:中国轻工业出版社,2006.
[18] 谢明成 .最新餐饮经营管理实务[M].沈阳:辽宁科学技术出版社,2000.
[19] 马开良.现代酒店厨房设计与管理[M].沈阳:辽宁科学技术出版社,2000.

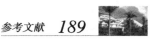

[20] 施涵蕴.餐饮管理[M].天津:南开大学出版社,1993.
[21] 苏北春.餐饮服务与管理[M].北京:人民邮电出版社,2006.
[22] 吴克祥.餐饮经营管理[M].天津:南开大学出版社,2004.
[23] 蔡晓娟.菜单设计[M].广州:南方日报出版社,2002.
[24] 杨铭铎,刘北林,孙静.中国宴会、筵席摆台艺术[M].哈尔滨:黑龙江科学技术出版社,1998.
[25] 郑昌江.餐饮企业管理[M].北京:中国轻工业出版社,2001.
[26] 阿尔滨 G 西博格.菜单设计与制作[M].杭州:浙江摄影出版社,1991.
[27] 施涵蕴.菜单计划与设计[M].沈阳:辽宁科学技术出版社,1999.
[28] Anthony J. Strianese,Pamela P. Strianese.餐厅与宴会管理[M].南仲信,译.北京:高等教育出版社,2005.
[29] 王仁湘.往古的滋味[M].济南:山东画报出版社,2006.
[30] 谢定源.中国名菜[M].北京:高等教育出版社,2003.